工程测量实训指导书

关春洁　王　强　何睿华　主　编
李元吉　李晓龙　副主编
王海春　主　审

人民交通出版社股份有限公司
北　京

内 容 提 要

本书紧密贴合交通职业教育教材《工程测量》"理实一体化"教学目标,分为七个项目,主要内容包括:水准测量、角度测量、距离测量与直线定向、GNSS 测量技术、小区域控制测量、道路中线测量、工程测量综合实训。本书与《工程测量》教材(何睿华等主编)配套使用。

本书可作为高等职业院校土木工程及相关专业的实训教学参考书,也可作为公路工程测绘技术人员的培训教材和参考书。

图书在版编目(CIP)数据

工程测量实训指导书/关春洁,王强,何睿华主编. —北京:人民交通出版社股份有限公司,2021.10(2024.12重印)
ISBN 978-7-114-17589-3

Ⅰ.①工… Ⅱ.①关… ②王… ③何… Ⅲ.①工程测量—高等职业教育—教材 Ⅳ.①TB22

中国版本图书馆 CIP 数据核字(2021)第 174939 号

书　　名：	工程测量实训指导书
著 作 者：	关春洁　王　强　何睿华
责任编辑：	张一梅
责任校对：	赵媛媛
责任印制：	刘高彤
出版发行：	人民交通出版社股份有限公司
地　　址：	(100011)北京市朝阳区安定门外外馆斜街 3 号
网　　址：	http://www.ccpcl.com.cn
销售电话：	(010)85285911
总 经 销：	人民交通出版社股份有限公司发行部
经　　销：	各地新华书店
印　　刷：	北京建宏印刷有限公司
开　　本：	787×1092　1/16
印　　张：	6.5
字　　数：	148 千
版　　次：	2021 年 10 月　第 1 版
印　　次：	2024 年 12 月　第 3 次印刷
书　　号：	ISBN 978-7-114-17589-3
定　　价：	20.00 元

(有印刷、装订质量问题的图书,由本公司负责调换)

前言
Preface

科学技术的发展为工程测量提供了新的方法和手段,先进的地面测量仪器,如全站仪、全球导航卫星系统(GNSS-RTK)在工程建设中得到了广泛的应用。根据高职高专培养技术应用型人才的目标要求,为了使交通类、测绘类专业的同学更好地掌握实用测量技术,特编写了《工程测量实训指导书》。

本书全面贯彻素质教育思想,注重学生个性与创新精神及实践动手能力的培养,为了充分体现职业教育的特点,本书编写基于工作过程导向,紧贴生产实际,选择与企业相同或相似的工作任务为载体,并结合工作任务来组织教材内容,具有较强的实践性。

参加本书编写工作的有:青海交通职业技术学院关春洁(编写项目三、项目四);王强(编写项目一、项目五);何睿华(编写项目二、项目六);李元吉、李晓龙(共同编写项目七)。全书由关春洁、王强、何睿华担任主编,李元吉、李晓龙担任副主编,关春洁负责全书的统稿。青海交通职业技术学院副院长、全国交通土建高职高专规划教材编审委员会委员王海春教授担任本书主审。王教授认真审阅了本书终稿,并提出许多宝贵的修改建议,在此向王教授深表谢意。

由于作者水平有限和时间仓促,书中难免有不妥之处,恳请业内专家与广大读者指正,以便后续修改。

作 者
2021 年 8 月

目 录

工程测量实训总则 ··· 1

项目一　水准测量 ··· 4
　任务一　自动安平水准仪的技术操作 ·· 4
　任务二　普通水准路线测量 ·· 7
　任务三　自动安平水准仪的检验与校正 ··· 12

项目二　角度测量 ·· 18
　任务一　全站仪的认识与操作 ··· 18
　任务二　测回法水平角观测 ·· 22
　任务三　全站仪竖直角测量 ·· 25
　任务四　全站仪的检验与校正 ··· 28

项目三　距离测量与直线定向 ··· 34
　任务一　钢尺量距与直线定向 ··· 34
　任务二　全站仪测距 ··· 38

项目四　GNSS 测量技术 ··· 42
　任务一　GNSS-RTK 的认识和使用 ·· 42
　任务二　GNSS-RTK 的数据采集 ··· 46
　任务三　利用 GNSS-RTK 进行工程施工放样 ······································· 50

项目五　小区域控制测量 ··· 60
　任务一　全站仪坐标测量 ··· 60
　任务二　全站仪坐标放样 ··· 64
　任务三　四等水准测量 ·· 69

项目六　道路中线测量 ·· 73
　任务一　中平测量 ·· 73
　任务二　横断面测量 ··· 77

项目七　工程测量综合实训 ·· 80

参考文献 ··· 98

工程测量实训总则

一、领仪器的注意事项

(1)仪器箱盖是否关妥、锁好；背带、提手是否牢固。

(2)三脚架与仪器是否相配，三脚架各部分是否完好，三脚架伸缩处的固定螺旋是否滑丝。

二、打开仪器箱的注意事项

(1)仪器箱平放在地面上方可开箱，不要托在手上或抱着开箱，以免摔坏仪器。

(2)开箱后未取出仪器前，要注意仪器安放的位置与方向，以免装箱时因安放位置不正确而损伤仪器。

三、取出仪器的注意事项

(1)取出仪器前一定要先放松制动螺旋，以免取出仪器时因强行扭转而损坏制动、微动装置，甚至损坏轴系。自箱内取出仪器时，应一只手握住照准部支架，另一只手扶住基座部分，轻拿轻放，不要用一只手抓仪器。

(2)取出仪器后，要随即将仪器箱盖好，以免沙土、杂草等进入箱内，还要防止搬动仪器时丢失附件。

(3)取仪器和使用仪器过程中，不允许触摸仪器的目镜、物镜，以免脏污，影响成像质量。不允许用手指或手帕等擦仪器的目镜、物镜等光学器件部分。

四、架设仪器的注意事项

(1)伸缩式三脚架抽出后，要把固定螺旋拧紧，不可因用力过猛而造成螺旋滑丝。要防止螺旋未拧紧而使脚架自行收缩导致摔坏仪器。三个脚架拉出的长度要适中。

(2)架设三脚架时，三个脚架分开的跨度要适中，并得太靠拢容易被碰倒，分得太开容易滑开。若在斜坡上架设仪器，应使两个脚架稍放长在坡下，一个脚架稍缩短在坡上。若在光滑地面上架设仪器，要采取安全措施(例如用细绳将三个脚架连接起来)，防止脚架因滑动而摔坏仪器。

(3)在三脚架安放稳妥并将仪器放到三脚架上后，应一只手握住仪器，另一只手立即旋紧连接螺旋，避免仪器从三脚架上掉下摔坏。仪器箱多由薄型材料制成，不能承重，因此严禁踩踏或坐在仪器箱上。

五、仪器使用的注意事项

（1）仪器旁必须有人守护，禁止无关人员拨弄仪器，注意防止行人、车辆碰撞仪器。

（2）在夏天或强光下观测必须撑伞，防止日晒和雨淋（包括仪器箱）。雨天应禁止观测，在任何情况下，电子测量仪器均应撑伞防护。

（3）如遇目镜、物镜外表面蒙上水汽而影响观测（在冬季较常见）时，应稍等会儿或用纸片扇风使水汽散发。如镜头上有灰尘，应用仪器箱中的软毛刷拂去，严禁用手帕或其他纸张擦拭，以免擦伤镜面。观测结束应及时套上物镜盖。

（4）操作仪器时，用力要均匀，动作要准确轻捷。制动螺旋不宜拧得太紧，微动螺旋和脚螺旋宜使用中段螺纹，用力过大或动作太猛都会造成仪器损伤。

（5）转动仪器时，应先松开制动螺旋然后平稳转动。使用微动螺旋时，应先旋紧制动螺旋。

六、仪器迁站的注意事项

（1）在远距离迁站或行走不便的地区迁站时，必须将仪器装箱后再迁站。

（2）在近距离且平坦地区迁站时，可将仪器连同三脚架一起搬迁。搬迁前首先检查连接螺旋是否旋紧，松开各制动螺旋，再将三脚架收拢，然后一只手托住仪器的支架或基座，另一只手抱住三脚架，稳步行走。搬迁时切勿跑行，防止摔坏仪器。严禁将仪器横扛在肩上搬迁。迁站时，要清点所有的仪器和工具，防止丢失。

七、仪器装箱的注意事项

（1）仪器使用完毕，应及时盖上物镜盖，清除仪器表面灰尘和仪器箱、三脚架上的泥土。

（2）仪器装箱前，要先松开各制动螺旋，将脚螺旋调至中段并使大致等高。然后一只手握住仪器支架或基座，另一只手将中心连接螺旋旋开，双手将仪器从脚架上取下放入仪器箱内。

（3）仪器装入箱内要试盖一下，若箱盖不能合上，说明仪器未放置正确，应重新放置。严禁强压箱盖，以免损坏仪器。在确认安放正确后，再将各制动螺旋略为旋紧，防止仪器在箱内自由转动而损坏某些部件。

（4）清点箱内附件，若无缺失，则将箱盖盖上，扣好搭扣并上锁。

（5）因雨雾天而受潮的仪器，装箱前应采取风干等措施。

八、测量工具使用的注意事项

（1）使用钢尺时，应防止扭曲、打结，防止行人踩踏或车辆碾压，以免折断钢尺。携尺前进时，不得沿地面拖曳，以免钢尺尺面刻画磨损。使用完毕，应将钢尺擦净并涂油防锈。

（2）水准尺和花杆应注意防止其受横向压力，不得将水准尺和花杆斜靠在墙上、树上或电线杆上，以防倒下摔断。也不允许在地面上拖曳或用花杆作标枪投掷。

（3）小件工具如垂球、尺垫等，应用完即收，防止遗失。

九、测量记录计算的注意事项

（1）所有观测结果，均要使用2H或3H铅笔（硬芯铅笔）记录，熟悉表上各项内容的填写、计算方法。

（2）记录观测数据之前，应将表头的仪器型号、日期、天气、测站、观测者及记录者姓名等无一遗漏地填写齐全。

（3）观测员读数后，记录员应随即在测量手簿的相应栏内填写，并复诵回报，以防听错、记错，不得另纸记录，事后转抄。

（4）记录要求字体端正清晰，字体的大小一般占格宽的一半左右，字脚靠近底线，留出空隙作改正错误用。

（5）数据要全，不能省略零位，如水准尺读数1.300、度盘读数30°00′00″中的"0"均应填写。

（6）距离测量和水准测量中，厘米及以下数值不得更改，米和分米的读记错误，在同一距离同一高差的往、返测或两次测量的相关数字不得连环更改。

（7）更正错误，均应将错误数字、文字整齐划去，在上方另记正确数字和文字。划改的数字和超限划去的结果，均应注明原因和重测结果的所在页数。

（8）按四舍五入、五前单进双舍（奇进偶不进）的取数规则进行计算。如数据3.1235和3.1245进位均为3.124。

项目一

水准测量

任务一 自动安平水准仪的技术操作

一、目的与要求

(1)熟悉自动安平水准仪各部件的名称及作用。
(2)掌握水准仪的安置、整平、瞄准与读数方法。
(3)熟悉水准尺的构造与注记。
(4)掌握水准测量地面两点间高差的原理,练习目测距离。

二、仪器与工具

(1)各测量小组由仪器室借领:自动安平水准仪1台、水准尺2根、记录板1块、测伞1把。
(2)自备:2H铅笔、草稿纸。

三、实训计划

(1)学时:2学时。
(2)人数:每小组为4~6人。
(3)在实训区内设置两个高程点,两点距离为15~20m,分别编号BM1、BM2,分别竖立两根水准尺。各组练习仪器安置、整平、瞄准、读数,每人独立完成操作一遍,观测两点间高差、记录并计算。

四、实训方法与步骤

1. 仪器讲解

教师现场讲解自动安平水准仪各部件的名称及其作用,介绍水准尺刻画及读数规律,并现场演示自动安平水准仪操作。

2. 测站选择

各组选择测站时,通过目测确定前后视距大致相等,测站选择时还应考虑避免与其他各组观测时相互干扰。

3. 实训实施

1)安置仪器

在要架设仪器的地方,打开三脚架,三个脚尖大致等距,同时要注意三脚架的张角和高度要适宜,且应保持架面尽量水平,顺时针转动脚架下端的翼形手把,可将伸缩腿固定在适当的位置。脚尖要牢固地插入地面,要保持三脚架在测量过程中稳定可靠。将仪器小心地放置在三脚架上,然后用中心螺旋手把将仪器固定使之牢靠。

2) 整平

转动望远镜,使视准轴平行(或垂直)于任意两个脚螺旋的连线,然后以相反方向同时旋转该两个脚螺旋,使气泡移至两螺旋的中心线上,最后,转动第三个脚螺旋使圆水准器气泡居中,如图1-1所示。

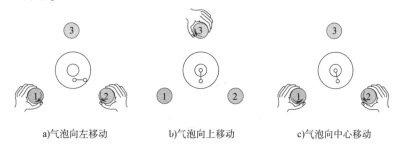

a) 气泡向左移动　　b) 气泡向上移动　　c) 气泡向中心移动

图1-1　圆水准器气泡居中操作示意图

在整平的过程中,气泡的移动方向与左手大拇指的转动方向始终一致,称为"左手大拇指原则"。

3) 瞄准

整平后,即可用望远镜瞄准水准尺。基本操作步骤如下:

(1) 目镜对光。将望远镜对向较明亮处,转动目镜对光螺旋,使十字丝调至最清晰为止。

(2) 初步照准。放松照准部的制动螺旋,利用望远镜上部的照门和准星,对准水准尺,然后拧紧制动螺旋。

(3) 物镜对光。转动望远镜物镜对光螺旋,直至看清水准尺刻画,再转动水平微动螺旋,使十字丝竖丝处于水准尺一侧,完成水准尺的照准。

(4) 消除视差。由于人眼的分辨能力不高,往往在像平面与十字丝平面还没有严格重合时就误以为像是最清晰了,这样就产生了视差而影响读数精度。为了检查并消除视差,当照准目标时,眼睛在目镜处上下移动,若发现十字丝和尺像有相对移动,这种现象称为视差,如图1-2a)所示。它将影响读数的精确性,必须加以消除。其方法是再仔细反复调节对光螺旋,直至尺像与十字丝分画板平面重合为止,即当眼睛在目镜处上下移动时,十字丝和尺像没有相对移动,如图1-2b)所示。

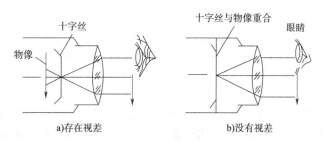

a) 存在视差　　　　　b) 没有视差

图1-2　视差

(5) 精平、读数。

此时,应迅速用十字丝中丝在水准尺上截取读数。由于水准仪的生产厂家或型号不同,导致望远镜有的成正像,有的成倒像。在读数时无论成倒像还是成正像,都应从小数往大数的方向读,即若望远镜成正像应从下往上读;反之,若望远镜成倒像,则应从上往下读。在读数时,一般应先估读毫米,再读米、分米、厘米,如图1-3所示。读数后,还需要检查一下气泡是否移动了,若有偏离需调平后再重新读取整个测站读数。

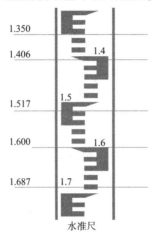

图1-3 水准尺读数示意图

五、记录与计算

观测记录表见表1-1。

观测记录表　　　　　　　　　　　　　　　表1-1

序号	观测者	读数(m)		高差(m)	视线高(m)	BM2 高程(m)	备 注
		后视(BM1)	前视(BM2)	h_{12}	H_i	H_{BM2}	
1							
2							
3							假设 $H_{BM1}=$
4							100.123m
5							
6							
7							
8							

六、注意事项

(1) 安置仪器时应将仪器中心连接螺旋拧紧,防止仪器从脚架上脱落下来。

(2) 水准仪为精密光学仪器,在使用中要按照操作规程作业,各个螺旋要正确使用。

(3) 在读数前务必将仪器水准气泡居中,发现气泡偏离,应立即重新将气泡调居中后再读数。

(4)转动各螺旋时要稳、轻、慢,不能用力太大。

(5)在实训过程中要及时填写实训报告。发现问题时,要及时向指导教师汇报,不能自行处理。

(6)水准尺必须有人扶着,决不能立在墙边或靠在电线杆上,以防摔坏水准尺。

(7)螺旋转到头要返转回来少许,切勿继续再转,以防脱扣。

七、上交资料

每人上交水准仪的认识与技术操作实训报告一份(表1-2)。

实 训 报 告　　　　　　　　　　表1-2

日期：　　　班级：　　　组别：　　　姓名：　　　学号：

实训题目	自动安平水准仪的认识和使用	成绩	
实训目的			
主要仪器及工具			
实训场地布置草图			
实训主要步骤			
实训总结			

任务二　普通水准路线测量

一、目的与要求

(1)熟悉自动安平水准仪的安置、整平、瞄准与读数。

(2)掌握水准点的选点、造标与埋石。
(3)掌握测站与转点的选择,通过步测确定转点位置。
(4)熟悉闭合水准路线普通水准测量的观测、记录与计算。

二、仪器与工具

(1)各测小组由仪器室借领:自动安平水准仪1台、水准尺2根、记录板1块、测伞1把、尺垫2个。
(2)自备:2H铅笔、草稿纸、计算器。

三、实训计划

(1)学时:2学时。
(2)人数:每小组为4~6人。
(3)各组在指定区域布设一条闭合水准路线。水准点数量4个,其中起始点高程假设为100.123m,水准点标志按临时性水准点要求布设,水准路线总长200~500m。

四、实训方法与步骤

1. 人员分工

各组确定起始点及水准路线的前进方向。2人扶尺,1人记录,1人观测。施测2~3站后轮换,尽量每人观测1测段、记录1测段、立尺1测段。

2. 一站观测

观测员安置仪器,每站前、后视距尽量相等,相差不超过10m。照准后视尺,整平,读取中丝读数,记录员复报并记入记录表中。转动望远镜,观测圆气泡是否居中。若否,则重新整平后读取前视中丝读数,复报并记入表格,数据读取4位,当场计算本站高差。

3. 仪器迁站

观测员收拢三脚架,一只手托仪器,另一只手拿三脚架前进;前视转点尺垫不能移动,后视尺必须得到观测员同意后方可迁往下站前视点。

4. 重复上述步骤观测

重复上述步骤观测,直至到达终点。当场计算高差闭合差 $f_h = \sum h_i$,如果 $f_h \leq f_{h容}$,观测成果合格,可进行误差分配,算出各水准点高程,否则,应分析原因后返工重测。

$$\begin{cases} f_{h容} = \pm 40\sqrt{L} & (适用于平原区) \\ f_{h容} = \pm 12\sqrt{n} & (适用于山区) \end{cases}$$

式中:L——水准路线长度,km;
　　　n——测站数。

五、记录与计算

普通水准测量外业记录表见表1-3。高程误差分配表见表1-4。

普通水准测量外业记录表　　　　　　　　表1-3

日期：_____年___月___日　　天气：_____　　仪器：_____　　组号：_____

测点	水准尺读数(m)		高差 h(m)	高程(m)	备　注
	后视 a(m)	前视 b(m)			
		—	—		
			—		
计算校核			$\sum a - \sum b =$	$\sum h =$	

高程误差分配表　　　　　　　　　　　　表 1-4

测段	测点	测站数（个）	实测高差（m）	改正数（mm）	改正后高差（m）	高程（m）	备注
1	BM1						
	BM2						
2							
	BM3						
3							
	BM4						
4	BM1						
Σ							
辅助计算							

六、注意事项

(1) 水准测量工作要求全组人员紧密配合,互谅互让,服从组长安排,团结一致。

(2) 中丝读数一般以米为单位时,读数保留小数点后三位,记录员也应记满四个数字,"0"不可省略。

(3) 扶尺者要将尺扶直,与观测人员配合好,选择好立尺点。

(4) 水准测量记录中严禁涂改转抄,不准用钢笔、圆珠笔记录,字迹要工整、整齐、清洁。

(5) 每站水准仪置于前、后尺距离基本相等处,以消除或减少视准轴不平行于水准管轴的误差及其他误差的影响。

(6) 在转点上立尺,读完上一站前视读数后,在下站的测量工作未完成之前绝对不能碰动尺垫或弄错转点位置。

(7) 为校核每站高差的正确性,应按变换仪器高方法进行施测,以求得平均高差值作为本站的高差。

(8) 限差要求:同一测站两次仪器高所测高差之差应小于 5mm;水准路线高差闭合差的容许值为 $f_{h容} = \pm 40\sqrt{n}$(或 $\pm 12\sqrt{n}$)mm。

七、上交资料

(1) 每人上交合格的普通水准测量记录表一份。

(2) 每人上交实训报告一份(表 1-5)。

实 训 报 告　　　　　　　　　　表 1-5

日期:　　　班级:　　　组别:　　　姓名:　　　学号:

实训题目	普通水准测量	成绩	
实训目的			
主要仪器及工具			
实训场地布置草图			
实训主要步骤			
实训总结			

任务三　自动安平水准仪的检验与校正

一、目的与要求

(1) 熟悉自动安平水准仪的结构。
(2) 掌握自动安平水准仪的检验方法。
(3) 了解自动安平水准仪的校正方法。

二、仪器与工具

(1) 各组由仪器室借领：自动安平水准仪1台、水准尺2根、记录板一块、测伞一把。
(2) 自备：2H 铅笔、草稿纸。

三、实训计划

(1) 学时：2学时。
(2) 人数：每小组为4~6人。
(3) 各组进行一般性检验，圆水准器、十字丝横丝、补偿器与 i 角误差检校。

四、实训方法与步骤

1. 场地准备

各组实训场地应视野开阔、地势平坦。

2. 一般性检验

检验三脚架是否牢固，制动螺旋、微动螺旋、脚螺旋是否有效，望远镜成像是否清晰等。

3. 圆水准器检校

1) 检验目的

圆水准器轴是否平行于仪器竖轴，如图1-4所示，VV 与 $L'L'$ 不平行，当气泡居中时，$L'L'$ 竖直，则 VV 不竖直。仪器旋转180°，如图1-4b)所示，$L'L'$ 将不竖直，即气泡不居中。

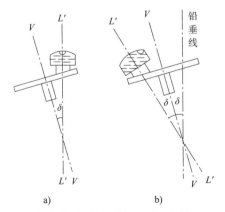

图1-4　圆水准器轴不平行于竖轴

2)检验方法

先用脚螺旋将圆水准器气泡居中,然后将仪器旋转180°,若气泡仍在居中位置,则表明此项条件已得到满足;若气泡有了偏移,则表明条件没有满足。

3)校正

分别调动三个校正螺钉(图1-5)使气泡向居中位置移动偏离长度的一半;如果操作完全准确,经过校正之后,水准轴将与仪器旋转轴平行。如果此时用脚螺旋将仪器整平,则仪器旋转轴处于竖直状态。

4.十字丝检校

1)检验目的

十字丝横丝是否垂直于仪器竖轴。

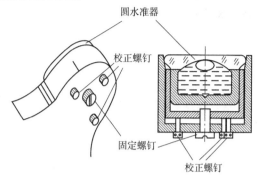

图1-5 圆水准器校正螺钉

2)检验方法

用十字丝横丝一端瞄准远处一清晰 A 点,然后用微动螺旋缓慢地旋转望远镜,观察 A 点在视场中的移动轨迹。如 A 点在横丝上移动,则二者垂直,如图1-6a)所示,如 A 点不在横丝上移动,则二者不垂直,如图1-6b)所示。

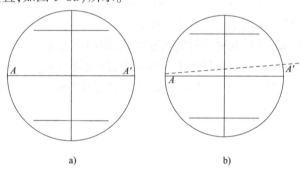

图1-6 十字丝的检验

3)校正

校正工作用固定十字丝环的校正螺钉进行。放松校正螺钉使整个十字丝环转动,让横丝与所示的虚线位置重合或平行,如图1-7所示。

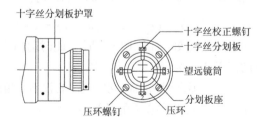

图1-7 十字丝的校正

5.自动安平水准仪补偿器性能的检验

1)目的

水准仪粗平后,补偿器是否起到补偿作用。

2）检验方法

在较平坦地方选择 A、B 两点，AB 长度为 100m 左右，在 A、B 点各钉入一木桩，将水准仪置于 AB 连线的中点，并使两个脚螺旋中心的连线（第 1、2 脚螺旋）与 AB 连线方向垂直，如图 1-8 所示。

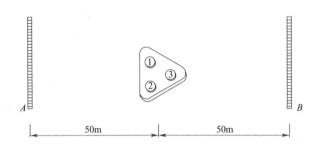

图 1-8　自动安平水准仪补偿器性能检验

（1）首先将仪器置平，测出两点间高差 h_{AB}，作为正确高差。
（2）升高 3 号脚螺旋，使仪器向上倾斜，测出高差 h_{AB1}。
（3）降低 3 号脚螺旋，使仪器向下倾斜，测出高差 h_{AB2}。
（4）升高 3 号脚螺旋，使圆水准器气泡居中。
（5）升高 1 号脚螺旋，使后视时望远镜向左倾斜，测出高差 h_{AB3}。
（6）降低 1 号脚螺旋，使后视时望远镜向右倾斜，测出高差 h_{AB4}。

将所测五个高差相比较，对于普通水准仪，此差数超过 5mm 需要校正。

3）校正

送厂修理。

6. i 角误差检校

1）目的

视准轴经过补偿后是否与水平线平直。

2）检验方法

（1）平坦地上选 A、B 两点，约 80m。
（2）在 AB 中点位置架仪器，读取 a'、b'，如图 1-9a）所示，则：

$$h_{AB正} = a' - b' = (a+x) - (b+x) = a - b$$

（3）将仪器放到立尺点 A 附近 C 处，如图 1-9b）所示，此时前后视距不相等，在两尺上读数分别为 a''、b''，A、B 两点的高差 h_{AB}' 为：$h'_{AB} = a'' - b''$。

如果　　　　$h'_{AB} = h_{AB正}$　　　说明视准轴∥水准管轴，没有 i 角误差。

　　　　　　$h'_{AB} \neq h_{AB正}$　　　说明存在 i 角误差，其值为：

$$i'' = \frac{\Delta h \times \rho''}{D - d}$$

式中：$\Delta h = h'_{AB} - h_{AB正}$；
　　　$\rho'' = 206265''$。

3)校正

校正时首先要求出正确的前视读数 $b_正$。

(1) 打开仪器目镜后的后罩可看见一(或上下各一)校正螺钉,用校正针校正分划板使分划板刻度线对准标尺上 $b_正$ 所指刻划。

(2) 反复检查、校正,直到误差小于规定的值为止。

(3) A 与 B 点相距 80m 视准轴相差 5mm 之内为合格,不需要校准。

(4) 在水准测量施测过程中,可通过使前后视距大致相等来消除 i 角带来的观测误差。

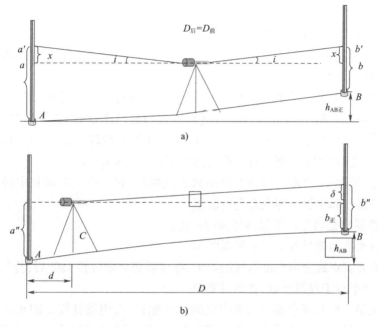

图 1-9　i 角的检验

7. 水准尺的检验

1) 一般检视

对水准尺进行一般的查看:弯曲(尺子弯曲度在中心处应小于 8mm)、尺上刻划的着色是否清晰、注记有无错误、尺的底部有无磨损等。

2) 水准尺分划的检验

(1) 水准尺每米平均真长的测定:

①目的:在于了解水准尺的名义长度与实际长度之差。如《国家水准测量规范》对三、四等水准测量用的区格式木质水准尺,规定每米长度的误差不得超过 ±0.5mm,否则应在水准测量中对所测高差进行改正。

②方法:将水准尺与检验尺相比较。

(2) 水准尺分米分划误差的测定:

①目的:检查水准尺的分米分划线位置是否正确,从而审定该水准尺是否允许用于水准测量作业。《国家水准测量规范》对区格式木质水准尺规定分划线位置的误差不得超过 ±1.0mm。

②方法：将水准尺与检验尺相比较。

(3) 水准尺黑面与红面零点差数的测定：

①目的：一对双面水准尺的红黑面零点的理论差，一个为4687mm，另一个为4787mm，其差如果不正确将影响水准读数。

②方法：安置好水准仪；在距离水准仪约20m处，打一个顶部有球形铁钉的木桩，或放一尺垫；将水准尺竖立在上面。照准水准尺的黑面，精平仪器读数立即转动水准尺对红面进行读数。两数之差即为红黑面零点差。以不同的仪器高度用同样的方法测定4次，取其平均值为红黑面零点差，以此测定值作为水准测量时的黑红面读数的检核。

(4) 一对水准尺黑面零点差的测定：

①目的与影响：水准尺黑面零点应与其底面相重合，但由于使用时磨损和制造的关系，零点与尺底可能不一致。

②方法：测定时将水准尺平置于检测平台，紧贴底面置一双面刀片，用一级线纹米尺丈量一分米分划至底面的距离 d。d 与一分米的差 Δd 为水准尺的零点差，即 $\Delta d = d - 100(mm)$，对普通木质水准尺，Δd 不得超过 0.5mm，否则须修理。设 d_1、d_2 分别为两只水准尺一分米分划到底面的距离，则一对水准尺黑面零点差 $Z = d_1 - d_2$。

零点差是系统误差，当水准路线上设站数为偶数时，它在高差累积和中将被抵消；为奇数时，应在高差累积和中加上零点差进行改正。

(5) 圆水准器轴是否平行于仪器竖轴的测定：

①目的：圆水准器轴是否平行于仪器竖轴。

②检验：旋转脚螺旋使圆水准器气泡居中，将仪器绕竖轴旋转180°后，若气泡仍居中，则说明圆水准器轴平行于仪器竖轴，否则需要校正。

③校正：先稍微松开圆水准器底部中央的紧固螺钉，再用拨针拨动圆水准器校正螺钉，使气泡返凹偏移量的一半，然后旋转脚螺旋使气泡居中，如此反复检校，直到圆水准器在任何位置气泡都居中为止，最后旋紧紧固螺旋。

五、记录与计算

1. 圆水准器检校

圆水准器气泡居中后，将望远镜旋转180°，气泡_____（填"居中"或"不居中"）。

2. 十字丝横丝检校

在墙上找一点使其恰好位于水准器望远镜十字丝左端的横丝上，旋转水平微动螺旋，用望远镜右端对准该点，观察该点_____（填"是"或"否"）仍位于右端的横丝上。

3. 补偿器检校

$h_{AB} = $_____，$h_{AB1} = $_____，$h_{AB2} = $_____，$h_{AB3} = $_____，$h_{AB4} = $_____。

4. i 角误差检校

i 角误差检校，见表1-6。

i 角 误 差 检 校   表 1-6

仪器位置	立尺点		水准尺读数 (m)	高差 (m)	高差平均值 (m)	是否需要校正
仪器距离 A、B 两点等距	A					
	B					
	变换仪器高	A				
		B				
仪器距离 A 点较近	A					
	B					
	变换仪器高	A				
		B				

六、上交资料

每人上交实训报告一份(表 1-7)。

实 训 报 告   表 1-7

日期：　　　班级：　　　组别：　　　姓名：　　　学号：

实训题目	自动安平水准仪的检校	成绩	
实训目的			
主要仪器及工具			
1.描述在十字丝检校过程中，如何判定十字丝横丝与仪器竖轴是否垂直，并画图说明。			
2.描述圆水准器检校过程并画图说明。			
3.描述水准管轴与视准轴的校正方法。			
实训总结			

项目二

角度测量

任务一 全站仪的认识与操作

一、目的与要求

(1)熟悉全站仪机械结构各部件的名称及作用。
(2)掌握全站仪安置、对中、整平及瞄准操作方法。
(3)掌握全站仪按键功能、字符含义与参数设置。

二、仪器与工具

(1)各组由仪器室借领:全站仪一台、记录板一块、测伞一把。
(2)自备:2H 铅笔、草稿纸。

三、实训计划

(1)学时:2 学时。
(2)人数:每小组为 4~6 人。
(3)各组进行全站仪对中、整平、瞄准与读数并按要求设置参数。

四、实训方法与步骤

1. 讲解仪器

教师现场讲解全站仪机械结构(图2-1),键盘布局与按键功能参数设置,棱镜及其组件(图2-2),并现场演示全站仪对中、整平、瞄准、读数等操作方法。

2. 仪器操作

1)对中

对中的目的是使仪器的中心与测站的标志中心位于同一铅垂线上。

2)整平

整平的目的是使仪器的竖轴铅垂,水平度盘水平。

上述两步技术操作称为全站仪的安置。有的全站仪设置有光学对中器,若采用光学对中器进行对中,应与整平仪器结合进行,其操作步骤如下:

(1)将仪器置于测站点上,3 个脚螺旋调至中间位置,架头大致水平。使光学对中器大致位于测站上,将三脚架踩牢。

项目二 角度测量

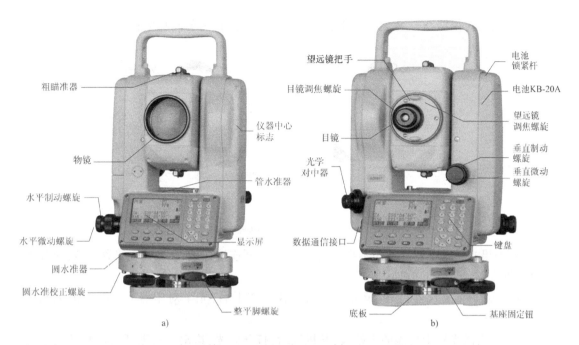

图 2-1 全站仪结构

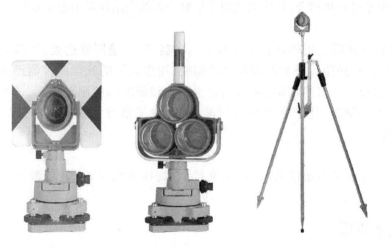

图 2-2 棱镜及其组件

(2)旋转光学对中器的目镜,看清分划板上的圆圈,拉或推动目镜使测站点影像清晰。
(3)旋转脚螺旋使光学对中器对准测站点。
(4)伸缩两条三脚架腿,使圆水准器气泡居中。
(5)用脚螺旋精确整平管水准管转动照准部90°,水准管气泡均居中。

①松开水平制动螺旋,转动仪器使管水准器平行于某一对脚螺旋 A、B 的连线,再旋转脚螺旋 A、B,使管水准器气泡居中,如图 2-3a)所示。

②将仪器绕竖轴旋转 90°,再旋转另一个脚螺旋 C,使管水准器气泡居中,如图 2-3b)

所示。

③再次旋转仪器90°,重复步骤①、②,直到4个位置上气泡居中为止。

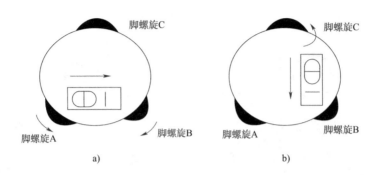

图 2-3 水准管精平步骤

(6)如果光学对中器分划圈不在测站点上,应松开连接螺旋,在架头上平移仪器,使分划圈对准测站点。

(7)重新再整平仪器,依此反复进行直至仪器整平后,光学对中器分划圈对准测站点为止。

若使用有激光对中功能的全站仪,开机以后,打开激光,拖动三脚架任意两只架腿进行粗略对中,再松开架头仪器连接螺栓,在架头移动仪器,使激光点和测站点重合。整个对中的过程应与整平过程相结合,具体和使用光学对中器的全站仪对中整平步骤一致。

3)瞄准

全站仪安置好后。用望远镜瞄准目标,首先将望远镜照准远处,调节对光螺旋使十字丝清晰;然后旋松望远镜和照准部制动螺旋,用望远镜的光学瞄准器照准目标。转动物镜对光螺旋使目标影像清晰;而后旋紧望远镜和照准部的制动螺旋,通过旋转望远镜和照准部的微动螺旋,使十字丝交点对准目标,并观察有无视差,如有视差,应重新对光,予以消除。

4)读数

全站仪具有电子自动读数功能,瞄准目标后,按下测量键,测量数据自动显示在屏幕上。

五、注意事项

(1)全站仪是精密仪器,使用时要十分谨慎小心,各个螺旋要慢慢转动,不准大幅度地、快速地转动照准部及望远镜。

(2)当一个人操作时,其他人只做语言帮助,不能多人同时操作一台仪器。

(3)每组中每人的练习时间要因时因人而异,要互相帮助,团结一致,服从小组安排。

(4)实训过程中要及时填写实训报告。

六、上交资料

每人上交一份实训报告(表2-1)。

项目二 角度测量

实 训 报 告　　　　　　　　　　　　　　　表2-1

日期：　　　班级：　　　组别：　　　姓名：　　　学号：

实训题目	全站仪的认识和使用	成绩	
实训目的			
主要仪器及工具			

简述全站仪对中、整平、瞄准及读数步骤。

实训总结	

任务二　测回法水平角观测

一、目的与要求

(1)掌握水平角测回法观测的外业步骤与内业处理。
(2)掌握全站仪置零、置角功能。
(3)掌握全站仪水平距离1个测回的观测。

二、仪器与工具

(1)各组由仪器室借领:全站仪一台、记录板一块、棱镜两个、测伞一把。
(2)自备:2H铅笔、草稿纸。

三、实训计划

(1)学时:2学时。
(2)人数:每小组为4~6人。
(3)对四边形的内角进行观测。
(4)每观测完一个角换人操作,确保每位同学完成一个水平角观测。

四、实训方法与步骤

(1)场地布置。各组在实训区域内选择四边形的4个顶点,边长为5~10m,对四边形的4个内角各进行两测回观测,并记录、计算。

(2)准备工作。各组在测站点进行全站仪的对中与整平。设置工作环境温度、气压、测距模式与棱镜常数等参数。

(3)盘左观测。将全站仪调至盘左状态,瞄准左边目标,执行置零命令,将 HAR 配置为 $0°00'00''$,读数并记录,顺时针旋转仪器瞄准右边目标,读取 HAR 读数,当场记录计算上半测回水平角值, $\beta_左 = b_左 - a_左$,如图2-4所示。

(4)盘右观测。将全站仪调至盘右状态,先照准右方目标,读取水平度盘读数为 $b_右$,并记入记录表中,再逆时针转动照准部照准左方目标,即后视点 A,读取水平度盘读数为 $a_右$,并记入记录表中,则得下半测回角值为:

$$\beta_右 = b_右 - a_右$$

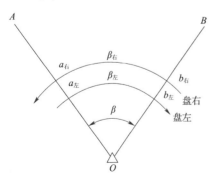

图2-4　测回法观测水平角

(5)计算一测回角值。上、下半测回合起来称为一测回。一般规定,用 J_6 级测角仪器进行观测,上、下半测回角值之差不超过40″时,可取其平均值作为一测回的角值,即:

$$\beta = \frac{1}{2}(\beta_左 + \beta_右)$$

若超限,需要重测。

(6)观测第二测回。按照上述相同步骤观测第二测回,注意盘左起始方向读数按照 $180°/n$ 的整倍数规则配置为 $90°00'00''$,各测回之间互差不应超过 $24''$,若超限,需要重测。

(7)进行剩余 3 个内角的两测回观测,并记录、计算。

(8)将 4 个内角相加,与理论内角和 $360°$ 相差不应超过 $80''$,若超限,需要重测。

五、记录与计算

测回法观测水平角记录表见表 2-2。

测回法观测水平角记录表 表 2-2

测站	测回数	竖盘位置	目标	水平度盘读数(° ′ ″)	半测回角值(° ′ ″)	一测回平均角值(° ′ ″)	备注二测回平均角值(° ′ ″)

六、注意事项

(1)在记录前,首先要弄清楚记录表格的填写次序和填写方法。

(2)每一测回的观测中间,如发现水准管气泡偏离,也不能重新整平,本测回观测完毕,下一测回开始前再重新整平仪器。

(3)在照准目标时,需要用十字丝交点瞄准棱镜中心,最好再看看对中杆底部是否偏离十字丝竖丝。

七、提交资料

(1)每人上交合格的水平角观测记录表一份。

(2)每人上交实训报告一份(表2-3)。

实 训 报 告　　　　　　　　表2-3

日期：　　　班级：　　　组别：　　　姓名：　　　学号：

实训题目	测回法水平角观测	成绩	
实训目的			
主要仪器及工具			
实训场地布置草图			
实训主要步骤			
实训总结			

任务三　全站仪竖直角测量

一、目的与要求

(1)掌握竖直角观测的外业步骤与内业处理。
(2)掌握竖盘指标差的记录、计算方法。

二、仪器与工具

(1)各组由仪器室借领:全站仪一台、记录板一块、测伞一把。
(2)自备:2H 铅笔、草稿纸。

三、实训计划

(1)学时:2 学时。
(2)人数:每小组为 4~6 人。
(3)各组进行 4 个竖直角 1 个测回的观测、记录与计算。
(4)每观测完一个角换人操作,确保每位同学完成一个水平角观测。

四、实训方法与步骤

1. 场地布置
各组测站点相互视线无遮挡。各组寻找高处目标,如以楼房上的避雷针、天线等作为目标。

2. 准备工作
各组在测站点进行全站仪的对中与整平,设置竖直角的零方向为水平方向,观察全站仪竖直度盘读数变化规律。

3. 盘左观测
十字丝瞄准目标顶部,读取竖直度盘读数 L 并记录,计算盘左上半测回竖直角值 $\alpha_{左}$。

4. 盘右观测
十字丝瞄准目标顶部,读取竖直度盘读数 R 并记录,计算盘右上半测回竖直角值 $\alpha_{右}$。上下半测回角值不应超过 24″。

5. 内业计算
(1)指标差计算公式为:

$$X = \frac{1}{2}(\alpha_{左} - \alpha_{右})$$

$$= \frac{1}{2}(R + L - 360°)$$

指标差在满足限差 25″ 的情况下,计算上下半测回角值的平均值作为竖直角值。

(2)竖直角计算公式为：

$$\alpha = \frac{1}{2}(\alpha_左 + \alpha_右)$$

五、记录与计算

竖直角观测记录表见表2-4。

竖直角观测记录表　　　　　　　　　表2-4

测站	目标	盘位	竖盘读数 (° ′ ″)	半测回竖直角 (° ′ ″)	指标差 (″)	一测回竖直角 (° ′ ″)	备注

六、注意事项

(1)在记录前,首先要弄清楚记录表格的填写次序和填写方法。

(2)每一测回的观测中间,如发现水准管气泡偏离,也不能重新整平,本测回观测完毕,下一测回开始前再重新整平仪器。

(3)盘左盘右照准目标时,要用十字丝横丝照准目标同一位置。

(4)尽量选择不同高度的目标进行竖直角观测。

七、提交资料

(1)每人上交合格的竖直角观测记录表一份。

(2)每人上交实训报告一份(表2-5)。

实 训 报 告 表2-5

日期：　　　班级：　　　组别：　　　姓名：　　　学号：

实训题目	全站仪竖直角测量	成绩	
实训目的			
主要仪器及工具			
实训场地布置草图			
实训主要步骤			
实训总结			

任务四 全站仪的检验与校正

一、目的与要求

(1) 熟悉全站仪机械部分各轴线间关系。
(2) 掌握全站仪常规检验的项目与方法。
(3) 了解全站仪常规检验项目的校正方法。

二、仪器与工具

(1) 各组由仪器室借领:全站仪一台、记录板一块、测伞一把。
(2) 自备:2H 铅笔、草稿纸。

三、实训计划

(1) 学时:2 学时。
(2) 人数:每小组为 4~6 人。
(3) 各组进行全站仪水准管、圆水准器光学对中器视准轴与横轴十字丝分,竖盘指标差、棱镜杆圆水准器等的检校。

四、实训方法与步骤

1. 场地布置

各组场地应视野开阔,既有远处目标,又能看到高处目标。

2. 一般性检查

(1) 脚螺旋与基座的检查。主要检查三个脚螺旋是否有扭曲变形,确保转动均匀。基座与机身之间不应有明显间隙而导致机身晃动。

(2) 制动、微动的检查。主要检查垂直和水平制动、微动工作是否正常。

横轴竖轴的检查。检查方法为松开制动旋钮,轻轻转动横轴竖轴,检查是否有发卡、转动不流畅现象。

(3) 目镜物镜的检查。主要检查目镜是否清晰,望远镜视场亮度是否均匀,观测目标是否清晰。

(4) 开关机的检查。主要看是否能正常开机,开机后检查键盘各按钮是否正常。

对中器的检查。主要检查光学对中器目镜十字丝是否能调整清晰,视场亮度是否均匀;激光对中器能否正常开关。

以上检查结束并确保仪器正常,方可进行观测。

3. 基座脚螺旋

如果脚螺旋出现松动现象,可以调整基座上脚螺旋调整用的 2 个校正螺钉,拧紧螺钉,直到合适的压紧力度为止。

4. 水准管的检验与校正

1）目的

水准管轴是否垂直于仪器竖轴。

2）检验

如图2-5所示，首先将气泡平行于两脚螺旋A和B，假设为0°方向调平，旋转90°使气泡垂直于第三个脚螺旋C再调平，然后转到180°调平，再转到270°调平，最后转回到0°位置看是否居中，若是，则不用校正。

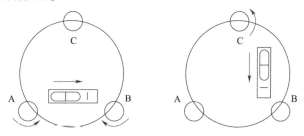

图 2-5　全站仪水准管的检验

3）校正

首先看差多少，确定差的一半距离，通过调校正螺钉改其差一半，再用脚螺旋调整一半至水泡居中。气泡在哪边说明哪边高，调整的时候始终把握这样一点。调整完之后再按照以上步骤进行校核，看是否居中，如不居中照以上方法重来。直至各个方向都能居中。校正螺钉是顺时针升高，逆时针降低，只把握住这点不管校正螺钉在左边还是右边都可照此做。

5. 圆水准器的检验与校正

1）目的

圆水准器轴是否平行于仪器竖轴。

2）检验

圆水准器的检验与校正是在管水准器完好的基础上做的，首先将管水准气泡调平，这里是指管水准器各方向都居中。然后看圆气泡是否居中，若不是，则需要校正。

3）校正

用校正针或内六角扳手调整气泡下方的校正螺钉使气泡居中。校正时，应先松开气泡偏移方向对面的校正螺钉（1个或2个），然后拧紧偏移方向的其余校正螺钉使气泡居中。气泡居中时，三个校正螺钉的紧固力矩均应一致，如图2-6所示。

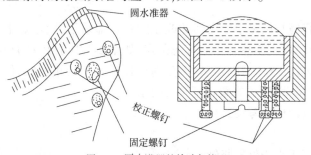

图 2-6　圆水准器的检验与校正

6. 2C 的检验与校正

1）目的

视准轴是否垂直于横轴。

2）检验

首先将仪器整平，瞄准平行光管十字丝，先在盘左照准目标置 0，再旋转 180°盘右照准目标读数，正常情况是 180°±15″。如不是，就要校正，最好是这样多做几次以确定误差到底有多大。超±15″需校正。

3）校正

用水平微动将水平角调整至 180°00′00″，再观察仪器目镜十字丝与平行光管十字丝相差多少，旋下仪器目镜护盖，通过调整目镜左右 2 颗螺钉将仪器竖丝向光管竖丝靠近一半，再旋动水平微动至重合。反复几次看误差是否达到允许范围。

7. 对中器的检验与校正（激光）

1）目的

激光对中器视线是否与竖轴重合。

2）检验

无风无过大振动环境下，架设好全站仪，打开激光对中器，在激光点指示处做一标记，然后全站仪旋转 180°，如激光指示偏离标记点，则需校正。

3）校正

仔细观察激光指示点距标记点偏离多少。打开对中器护盖看到 4 颗螺钉，通过改正 4 颗螺钉，使激光点向标记点中心方向走一半，然后旋转至 0°位置看是否居中，如不是，照此方法重做，注意调整时对向螺钉遵循一松一紧原则，调整完成后每一颗螺钉的紧固力矩均应一致。

8. 对中器的检验与校正（光学）

1）目的

光学对中器视线是否与竖轴重合。

2）检验

将仪器安置到三脚架上，在一张白纸上画一个十字交叉并放在仪器正下方的地面上；调整好光学对中器的焦距后，移动白纸使十字交叉位于视场中心；转动脚螺旋，使对中器的中心标志与十字交叉点重合；旋转照准部，每转 90°，观察对中点的中心标志与十字交叉点的重合度；如果照准部旋转时，光学对中器的中心标志一直与十字交叉点重合，则不必校正。否则，需按下述方法进行校正。

3）校正

将光学对中器目镜与调焦手轮之间的改正螺钉护盖取下，固定好十字交叉白纸并在纸上标记出仪器每旋转 90°时对中器中心标志落点，如图 2-7 中 A、B、C、D 点；用直线连接对角点 AC 和 BD，两直线交点为 O；用校正针调整对中器的 4 个校正螺钉，使对中器的中心标志与 O 点重合；重复检验步骤，检查校正至符合要求。

9. 望远镜分划板的检验与校正

1）目的

十字丝横丝是否垂直于仪器竖轴。

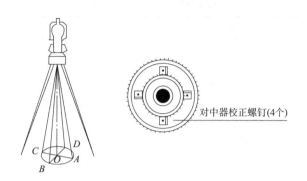

图 2-7　光学对中器的校正

2）检验

整平仪器后在望远镜视线上选定一目标点 A，用分划板十字丝中心照准 A 点并固定水平和垂直制动手轮；转动望远镜垂直微动手轮，使 A 点移动至视场的边沿（A'点）；若 A 点是沿十字丝的竖丝移动，即 A'点仍在竖丝之内的，则十字丝不倾斜不必校正。如图 2-8 所示，A'点偏离竖丝中心，则十字丝倾斜，需对分划板进行校正。

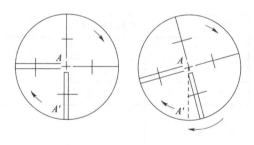

图 2-8　望远镜分划板的检验

3）校正

首先取下位于望远镜目镜与调焦手轮之间的分划板座护盖，便看见 4 个分划板座固定螺钉（图 2-9）；用螺丝刀均匀地旋松该 4 个固定螺钉，绕视准轴旋转分划板座，使 A'点落在竖丝的位置上；均匀地旋紧固定螺钉，再用上述方法检验校正结果；将护盖安装回原位。

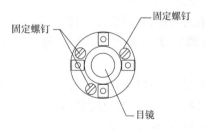

图 2-9　望远镜分划板的校正示意图

五、记录与计算

全站仪检验与校正记录表见表 2-6。

全站仪检验与校正记录表　　　　　　　表 2-6

一般性检查	(1) 脚螺旋与基座					
	(2) 制动微动					
	(3) 目镜物镜					
	(4) 开关机					
	(5) 基座脚螺旋					
水准管的检验与校正	检验次数		气泡偏离情况		处理结果	
圆水准器的检验与校正	检验次数		气泡偏离情况		处理结果	
望远镜分划板的检验与校正	检验次数		气泡偏离情况		处理结果	
2C 的检验与校正	仪器位置	目标	盘位	水平度盘读数	2C	处理方法	处理结果
光学对中器的检验与校正	照准部旋转 90°投点结果		处理意见		处理结果	
激光对中器的检验与校正	照准部旋转 180°投点结果		处理意见		处理结果	

六、注意事项

(1) 全站仪检校是很精细的工作,必须认真对待。

(2) 在实训过程中及时填写实训报告,发现问题及时向指导教师汇报,不得自行处理。

(3) 各项检校顺序不能颠倒。在检校过程中要同时填写实训报告。

(4) 检校完毕,要将各个校正螺钉拧紧,以防脱落。

(5) 每项检校都需重复进行,直到符合要求。

(6) 校正后应再做一次检验,看其是否符合要求。

七、上交资料

每人上交全站仪的检验与校正实训报告一份(表 2-7)。

实 训 报 告 表2-7

日期：　　　班级：　　　组别：　　　姓名：　　　学号：

实训题目	全站仪的检校			成绩			
实训目的							
主要仪器及工具							
一般性检查	(1)脚螺旋与基座						
	(2)制动微动						
	(3)目镜物镜						
	(4)开关机						
	(5)基座脚螺旋						
水准管的检验与校正	检验次数			气泡偏离情况		处理结果	
圆水准器的检验与校正	检验次数			气泡偏离情况		处理结果	
望远镜分划板的检验与校正	检验次数			气泡偏离情况		处理结果	
2C的检验与校正	仪器位置	目标	盘位	水平度盘读数	2C	处理方法	处理结果
光学对中器的检验与校正	照准部旋转90°投点结果			处理意见		处理结果	
激光对中器的检验与校正	照准部旋转180°投点结果			处理意见		处理结果	

项目三

距离测量与直线定向

任务一 钢尺量距与直线定向

一、目的与要求

(1)学会在地面上标定直线及用普通钢尺丈量距离。

(2)学会用罗盘仪测定直线的磁方位角。

二、仪器与工具

(1)由仪器室借领:20m钢尺1卷、花杆3根、测纤1束、木桩3个、斧子1把、记录板1块、书包1个、罗盘仪1台。

(2)自备:计算器、铅笔、小刀、计算用纸。

三、实训计划

(1)学时:2学时。

(2)人数:每小组为4~6人。

(3)各组在实训场里对规定的两点进行直线定线后用钢尺量出其实际距离。

四、实训方法与步骤

(1)指导教师讲解本次实训的内容和方法。

(2)在实训场地上相距60~80m的 A 点和 B 点各打一木桩,作为直线端点桩,木桩上钉小铁钉或画十字线作为点位标志,木桩高出地面约2m。

(3)进行直线定线(图3-1)。

先在 A、B 两点立好花杆,观测员甲站在 A 点花杆后面1m左右,用单眼通过 A 花杆一侧瞄准 B 花杆同一侧,形成视线,观测员乙拿着一根花杆到欲定点①处,侧身立好花杆,根据甲的指挥左右移动。当甲观测到①点花杆在 AB 同一侧并与视线相切时,喊"好",乙即在①点做好标志,插一测钎,这时①点就是直线 AB 上的一点。同法可定出②点等位置。如需将 AB 线延长,则可仿照上述方法,在 AB 直线延长线上定线。

(4)丈量距离(图3-2)。

①后尺手拿尺的末端在 A 点后面,前尺手拿尺的零端,花杆和测钎沿 $A \rightarrow B$ 方向前

进,走到约一整尺段时停止前进并立花杆,听从后尺手指挥,把花杆立在 AB 直线上,做好记号。

②前、后尺手都蹲下,后尺手把尺终点对准起点 A 的标志,喊"预备",前尺手把尺通过定线时所作的记号,两人同时把尺拉直,拉力大小适当,尺身要保持水平,当尺拉稳后,后尺手喊"好",这时前尺手对准尺的零点刻划,在地面竖直地插入一根测钎,如图 3-2 中的①点,插好后喊"好",这样就量完了一个整尺段。

③前、后尺手抬尺前进,当后尺手到达①点测钎后,重复上述操作,丈量第二整尺段,得到②点,量好后继续向前丈量,后尺手依次收回测钎,一根测钎代表一个整尺段。丈量到 B 点前的最后一段,由前尺手对零,后尺手读出该不足整尺段长度。

④计算总长度。至此完成了往测的任务。

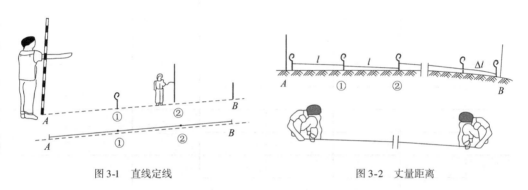

图 3-1 直线定线　　　　　　　　图 3-2 丈量距离

(5)再用上述①、②、③的方法进行返测。取往返丈量的平均值作为这段距离的量测值,即:

$$D_{AB} = \frac{D_{AB往} + D_{AB返}}{2}$$

(6)轮换工作再进行往返丈量。
(7)在记录表中进行成果整理和精度计算。直线丈量相对误差要小于 1/2000。
(8)如果丈量成果超限,要分析原因并进行重新丈量,直至符合要求为止。
(9)用罗盘仪测定其磁方位角:
①将罗盘仪安置在 A 点,进行整平和对中。
②瞄准 B 点的花杆后,放松磁针制动螺旋。
③待磁针静止后,读出磁针北端在刻度盘上所标的读数,即为直线 AB 的磁方位角。
④再将罗盘仪安置在 B 点上,用①、②、③的方法测定直线 AB 的磁方位角进行校核。

五、记录与计算

距离丈量记录表见表 3-1。

距离丈量记录表　　　　　　　　　　　　表 3-1

日期：　　班级：　　组别：　　姓名：　　学号：

工程名称：		日期：		湿度：		量距：		
钢尺型号：		天气：		气压：		记录：		
测线	方向	整尺段	零尺段	总计	较差	精度	备注

六、注意事项

(1)本次实训内容多,各组同学要互相帮助,以防出现事故。
(2)借领的仪器、工具在实训中要保管好,防止丢失。
(3)使用罗盘仪时,用完后务必把磁针托起,以免磁针脱落。
(4)钢尺切勿扭折或在地上拖拉,用后要用油布擦净,然后卷入盒中。

七、上交资料

(1)每组上交合格的距离文量记录表一份。
(2)每人上交实训报告一份(表 3-2)。

实 训 报 告　　　　　　　　　　　　　　表 3-2

日期：　　　班级：　　　组别：　　　姓名：　　　学号：

实训题目	钢尺一般量距与罗盘仪定向	成绩	
实训目的			
主要仪器及工具			
实训场地布置草图			
实训主要步骤			
实训总结			

任务二　全站仪测距

一、目的与要求

(1)认识全站仪的构造,了解仪器各部件的名称和作用。
(2)初步掌握全站仪的操作要领。
(3)掌握全站仪测量距离的方法。

二、仪器与工具

(1)各组由仪器室借领:全站仪1台、棱镜1个、三脚架2个、5m卷尺1把。
(2)自备:2H铅笔、草稿纸。

三、实训计划

(1)学时:2学时。
(2)人数:每小组为4~6人。
(3)在实训区内选择某点位安置全站仪,熟悉全站仪的主要程序界面,每小组成员熟练操作全站仪进行测距工作,记录观测数据,完成实训报告内容上交。

四、实训方法与步骤

(1)架设三脚架。将三脚架伸到适当高度,确保3条架腿等长,打开并使三脚架顶面近似水平,且位于测站点的正上方。将三脚架腿支撑在地面上,使其中一条架腿固定。

(2)安置仪器和对点。将仪器小心地安置到三脚架上,拧紧中心连接螺旋,调整光学对点器,使十字丝成像清晰。双手握住另外两条未固定的架腿,通过对光学对点器的观察调节该两条架腿的位置。当光学对点器大致对准测站点时,使三脚架3条架腿均固定在地面上。调节全站仪的3个脚螺旋,使光学对点器精确地对准测站点。

(3)利用圆水准器粗平仪器。调整三脚架3条架腿的长度,使全站仪圆水准器气泡居中。

(4)利用管水准器精平仪器。测量时主要分为以下两步进行,如图3-3所示。

①松开水平制动螺旋,转动仪器,使管水准器平行于某一对脚螺旋A、B的连线。通过旋转脚螺旋A、B,使管水准器气泡居中。

②将仪器旋转90°,使其垂直于脚螺旋A、B的连线。旋转脚螺旋C,使管水准器泡居中。

③精确对中与整平。通过对光学对点器的观察,轻微松开中心连接螺旋,平移仪器(不可旋转仪器),使仪器精确对准测站点。再拧紧中心连接螺旋,再次精平仪器。此项操作重复至仪器精确对准测站点为止。

(5)距离测量。

①选择距离测量进入距离测量模式,距离测量模式一共两页菜单,如图3-4所示。

②按DIST键,进入测距界面,距离测量开始,如图3-5所示。

③显示测量的距离,如图3-6所示。

④按F1(测存)键启动测量,并记录测得的数据,测量完毕,按F4(是)键,屏幕返回到距离测量模式。一个点的测量工作结束后,程序会将点名自动+1,重复刚才的步骤即可重新开始测量,如图3-7所示。

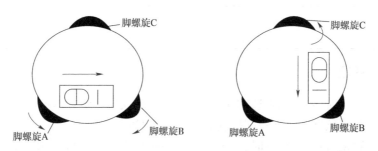

图3-3 管水准器精平仪器的用法

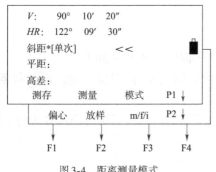

图3-4 距离测量模式 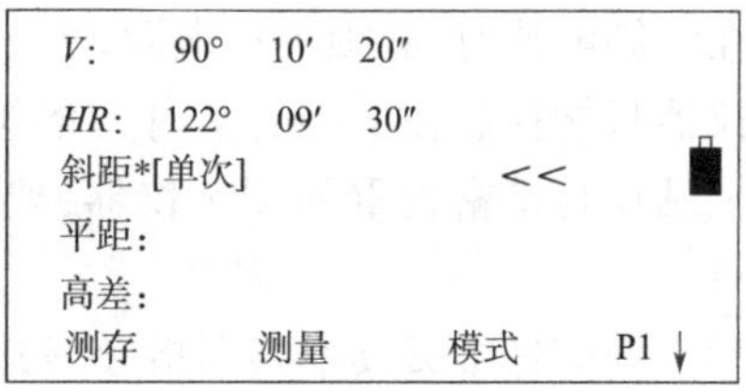   图3-5 测距界面

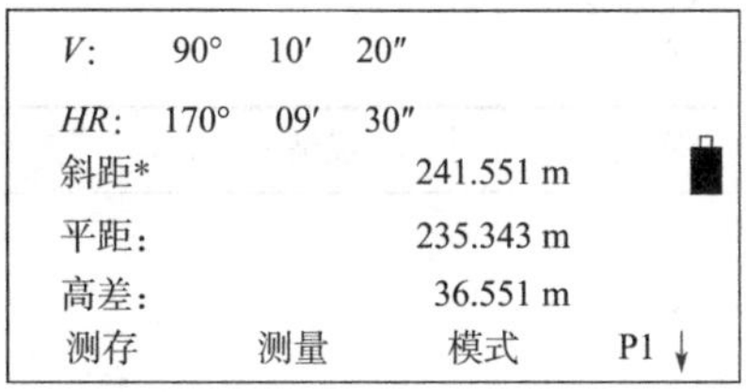

图3-6 显示测量的距离 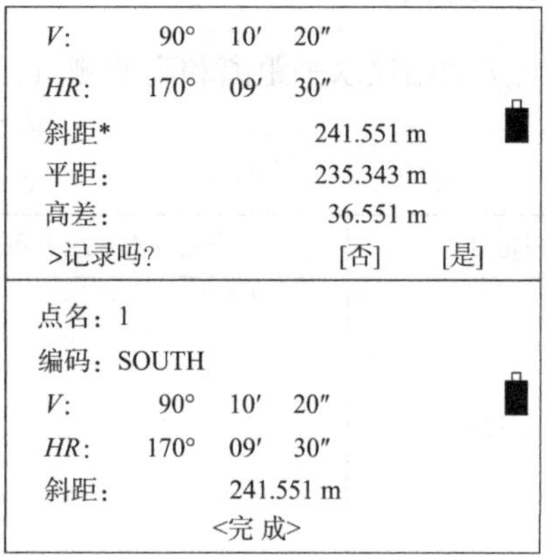   图3-7 测量完成

特别提示:当需要改变测量模式时,可按F3(模式)键,测量模式便在单次精测/N次精测/重复精测/跟踪测量模式之间切换。

五、记录与计算

全站仪水平距离和高差测量记录表见表3-3。

全站仪水平距离和高差测量记录表　　　　　　　　　　　　表3-3

日期:_____　　天气:_____　　仪器型号:_____　　组号:_____
观测者:_____　　记录者:_____　　立棱镜者:_____

直线		水平距离(m)				高差(m)			
起点	终点	第一次	第二次	第三次	平均	第一次	第二次	第三次	平均

六、注意事项

(1)在搬运仪器时,要提供合适的减振措施,以防止仪器受到突然振动。

(2)在近距离将仪器和脚架一起搬动时,应保持仪器竖直向上。

(3)在保养物镜、目镜和棱镜时,使用干净的毛刷扫去灰尘,然后再用干净的绒棉布蘸酒由透镜中心向外一圈圈地轻轻擦拭。

(4)应保持插头清洁、干燥,使用时要吹出插头的灰尘与其他细小物体。在测量过程中,若拔出插头,则可能丢失数据。拔出插头之前应先关机。

(5)在装卸电池时,必须关掉电源。

(6)仪器只能存放在干燥的室内。充电时周围温度应在 10~30℃。

(7)全站仪是精密贵重的测量仪器,要防日晒、防雨淋、防碰撞振动。严禁仪器直接照太阳。

(8)操作前应仔细阅读本实训指导书并认真听老师讲解。不明白操作方法与步骤者,不得操作仪器。

七、上交资料

每人上交全站仪水平距离和高差测量记录表和实训报告一份(表3-4)。

实 训 报 告　　　　　　　　　　　　表3-4

日期:____　　班级:____　　组别:____　　姓名:____　　学号:____

实训题目	全站仪水平距离和高差测量实训	成绩	
实训目的			
主要仪器及工具			

续上表

实训场地布置草图	
实训主要步骤	
实训总结	

项目四

GNSS测量技术

任务一 GNSS-RTK 的认识和使用

一、目的与要求

(1)了解一般静态 GNSS-RTK 接收机的基本结构、基本操作方法。

(2)了解一般 GNSS-RTK 接收机的工作原理。

(3)了解一般 GNSS-RTK 后处理软件的功能与使用。

(4)掌握 GNSS-RTK 接收机各个部件之间的连接方法。

(5)熟悉 GNSS-RTK 接收机前面板各个按键的功能及面板各个接口的作用。

(6)学会使用 GNSS-RTK 接收机查看天空 GPS 卫星的分布状况、位置精度强弱值(PDOP)以及测站经纬度。

(7)学会使用 GNSS-RTK 接收机采集数据,并给采集的数据编辑文件名;学会接收机天线高的量取及输入方法。

二、仪器与工具

(1)各测量小组由仪器室借领:

①基准站仪器:GNSS-RTK 基准站接收机 1 台、DL3 电台 1 台、蓄电池 1 块、加长杆 1 根、电台天线 1 根、电台数传线 1 根、电台电源线 1 根、三脚架 2 个、基座 1 个、加长杆铝盘 1 个。

②流动站仪器:RTK 流动站接收机 1 台、棒状天线 1 根、碳纤对中杆 1 个、手簿 1 个、托架 1 个、电子手簿 1 个。

(2)自备:2H 铅笔、草稿纸。

三、实训计划

(1)学时:2 学时。

(2)人数:每小组为 4~6 人。

(3)在实训区内架设基准站和流动站,熟悉架设和连接步骤。

四、实训方法与步骤

1. 基准站安装

(1)对中整平:找到控制点(也可以任意架站在未知点上),架好三脚架,安装基座,然后对中整平。

（2）安装 GNSS-RTK 基准站主机：从仪器箱中取出主机，开机，先检查主机是否是外挂基准站，如不是就先设置成外挂基准站。拧上天线连接头，把主机安装在基座上，拧紧螺钉。

（设置基准站模式：双击 F1，会有"基准站""移动站""静态"语音提示，选择"基准站"，按电源键确定。）

（3）连接电台：取出"主机至电台"的电缆，把电缆一头接口（电缆两端头通用）插在 GNSS-RTK 主机上（红点对红点）。将电缆另一头接口插在电台上。

安装、连接电台发射天线：在基准站旁边架设一个对中杆（或者三脚架），将两根连接好的棍式天线固定在对中杆（或者三脚架）上，用天线电缆连接发射天线和电台，电台连接电源，然后电台开机。

（4）量取仪器高：在互为 120°的 3 个方向上分别量取 1 次仪器高，共 3 次，读取至 mm，取平均值。如果基准站任意架设在未知点，则不必量取仪器高。

基准站架设点必须满足以下要求（图 4-1）：

①高度角在 15°以上开阔，无大型遮挡物；

②无电磁波干扰（200m 内没有微波站、雷达站、手机信号站等，50m 内无高压线）；

③在用电台作业时，位置比较高，基准站到移动站之间最好无大型遮挡物，否则差分传播距离迅速缩短。

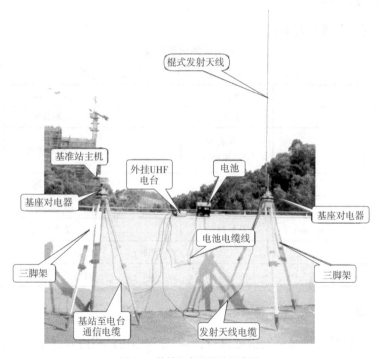

图 4-1 外挂电台基准站示意图

2. 基准站参数设置

（1）打开手簿软件：打开 GNSS-RTK 手簿，选择打开手簿桌面上的软件。工程之星软件

（2）新建项目：点击软件主界面上的【项目】，点击【新建】，输入项目名称"　　"，点

确定。

(3)设置坐标系统参数:新建项目名后,点击【项目信息】再选择【坐标系统】,在【椭球】界面里,源椭球设置为"WGS84",当地椭球设置为"北京54坐标"。(根据已知控制点坐标系情况决定)

进入【投影】界面,投影方法选择"高斯三度带",中央子午线设为101°(西宁市),点击【保存】。退出到主界面。

(4)手簿连接基准站主机:在软件主界面点击进入GNSS-RTK连接设置界面,然后点击【连接】。选择【蓝牙】连接,点击【搜索】,搜出GNSS-RTK主机的机身编号,选中连接。

(5)连接好后进入【接收机信息】,点击【基准站设置】。设置基准站点点名为"　　",输入仪器高,点击【平滑】,仪器会自动进行10次平滑采集当前GNSS-RTK坐标。点击【数据链】,然后选择"外部数据链"。确定后设置成功,界面上的"单点"会变成"已知点"。

3. 关机

(1)检查对中整平,再量天线高并记录,检查卫星状况。
(2)按住数据记录开关,直到指示灯灭,停止记录。
(3)按ON/OFF键(一般3s就够了),直到无指示灯闪烁。
(4)再拆天线、基座,装箱。

五、记录与计算

外业观测记录手簿见表4-1。

外业观测记录手簿　　　　　　　　　　表4-1

_____工程外业观测手簿　第_____页

测站点		测站名		天气状况	
观测员		记录员		观测日期	
接收机名称及编号		天线类型及编号		数据文件名	
测站号		测站名		天气状况	
近似经度		近似纬度		近似高程	m
预热时间	h　min	开始时间		结束时间	
天线高(m)		测前:	测后:	平均值:	
气温(℃)		测前:	测后:	平均值:	

六、注意事项

(1)GNSS-RTK接收机属特别贵重设备,实训过程中应严格遵守测量仪器的使用规则。

(2)在测量观测期间,由于观测条件的不断变化,要注意随时查看接收机是否工作正常,应检查蓄电池电量是否充足,接收机内存是否充足。

(3)GNSS-RTK接收机正常工作状态下,不得进行以下操作:不要转动或搬动仪器;关闭接收机以重新启动;进行自测试(发现故障除外);改变卫星截止高度角;改变数据采样间隔;

改变天线位置;按动关闭文件和删除文件等功能。

(4)观测员在作业期间不得擅自离开测站,并防止仪器受振动和被移动,防止人和其他物体靠近天线,遮挡卫星信号。

(5)接收机在观测过程中,观测员不应在接收机近旁使用对讲机和手机等通信设备。

(6)观测中应保证接收机工作正常,数据记录正确,每日观测结束后,应及时将数据下载到计算机硬、软盘上,确保观测数据不丢失。

七、上交资料

每人上交外业观测记录手簿和实训报告一份(表4-2)。

实 训 报 告　　　　　　　　　　表4-2

日期:　　　班级:　　　组别:　　　姓名:　　　学号:

实训题目	GNSS-RTK 的认识和使用	成绩	
实训目的			
主要仪器及工具			
实训场地布置草图			
实训主要步骤			
实训总结			

任务二　GNSS-RTK 的数据采集

一、目的与要求

(1)熟悉 RTK 仪器操作的过程。
(2)掌握 RTK 数据点位的采集。

二、仪器与工具

(1)各测量小组由仪器室借领:
①基准站仪器:RTK 基准站接收机 1 台、DL3 电台 1 台、蓄电池 1 块、加长杆 1 根、电台天线 1 根、电台数传线 1 根、电台电源线 1 根、三脚架 2 个、基座 1 个、加长杆铝盘 1 个。
②流动站仪器:RTK 流动站接收机 1 台、棒状天线 1 根、碳纤对中杆 1 个、手簿 1 个、托架 1 个、电子手簿 1 个。
(2)自备:2H 铅笔、草稿纸。

三、实训计划

(1)学时:2 学时。
(2)人数:每小组为 4~6 人。
(3)在实训区内架设基准站和流动站仪器,打开手簿的测绘通软件。新建任务,启动基准站和流动站,进行点位采集。

四、实训方法与步骤

下面介绍接收机野外数据采集的具体操作步骤。

1. 安置仪器

对中、整平:与经纬仪一样。
量天线高:从点位中心量至某一高度基准(如平均海面或大地水准面)的垂直距离。

1)连接

在接收机和采集器电源均关闭的情况下,分别对口连接电源电缆和数据采集电缆(注意:数据采集电缆和采集器连接一端的 10 孔插头之凹槽和采集器接口凹槽对应插头,即红点对红点),否则易损坏接收机和采集器。

2)开机

打开电源上的开关,若指示灯为绿色,则电量充足;若指示灯为红色,表示电量不足,应立即关机停止测量。

2. 已知采集数据

(1)采集第一个已知点当前坐标:电子手簿进入【测量】界面,将移动站对中杆架在第一个已知坐标点上,对中整平,点击手簿界面右下角小旗子图标按钮(或者按住手簿"Ent"键)进行当前坐标采集,更改点名,输入仪器高后点击确定按钮(或再按一次手簿"Ent"键),将坐标数据保存到记录点库。

（2）采集第二个已知点当前坐标，操作方法同上。

（3）参数计算：电子手簿进入【参数】界面，在【坐标系统】中选择"参数计算"进入【参数计算】界面，计算类型选择"四参数+高程拟合"，高程拟合模型选择"固定差改正"，然后选择左下角"添加"。

第一个已知点坐标配对："源点"中需输入刚采集到的坐标数据（数据从记录点库文件中调出）；"目标"中需手工输入已知坐标，点击"保存"后再点击"添加"选择对应的已知点坐标配对。（注意源点和要目标点对应）

第二个已知点坐标配对：操作方法同上。

解算：点击右下角"解算"进行四参数解算，在四参数结果界面缩放要接近1（一般为$0.9999\times\times\times$ 或 $1.0000\times\times\times$），点击"运用"。在弹出的【坐标系统】界面里点开"平面转换"和"高程拟合"界面查看参数是否正确启用，检查无误后"保存"，坐标转换参数解算完毕。

3. 待测地物点坐标采集

电子手簿进入【测量】界面，将对中杆放在裁判指定的待测点上，对中整平，点击手簿界面右下角小旗子图标按钮（或者按住手簿"Ent"键）采集坐标，输入点名、仪器高，点击"保存"（或再按一次手簿"Ent"键）完成第一个待测点的坐标采集，按照同样操作方法进入下一个待测点的坐标采集。

4. 成果记录、导出

成果记录：完成待测点的坐标采集后，点击【测量】界面左下角记录点库按钮进入记录点库，当需要更改点名或者删除多余测点时，直接在记录点库中操作。

成果导出：点击"记录点库"界面右下角记录点导出按钮，输入文件名，选择导出文件类型为"Excel文件（*.csv）"格式，或者CASS格式等，将测量数据导出保存到电子手簿里。电子手簿连接电脑，将数据文件保存到电脑。

5. 关机

在一个站采集结束并退出采集程序后，稍等几秒钟，再按OFF键关闭采集器，最后关闭接收机电源。

6. 拆站

在确认电源关闭后，拔出电缆线，拔出时要按住插头部的弹簧圈，才能拔出来，若硬拔，则会损坏插头。

五、记录与计算

在外业观测过程中，所有的观测数据和资料均须完整记录（表4-3）。记录可通过以下两种途径完成。

1. 自动记录

观测记录由接收设备自动完成，记录在存储介质（如数据存储卡）上，其主要内容包括：

（1）载波相位观测值及相应的观测历元；

（2）同一历元的测码伪距观测值；

(3)卫星星历及卫星钟差参数;

(4)实时绝对定位结果;

(5)测站控制信息及接收机工作状态信息。

RTK 测量外业观测记录表　　　　　　表 4-3

点号		点名		图幅编号		
观测员		日期段号		观测日期		
接收机名称及编号		天线类型及其编号		存储介质编号数据文件名		
近似纬度	°′N	近似经度	°′E	近似高程		m
采样间隔	s	开始记录时间		结束记录时间		
天线高测定		天线高测定方法及略图		点位略图		
测前:　测后: 　测定值(m) 　修正值(m) 　天线高(m) 　平均值(m)						
时间(UTC)	跟踪卫星号(PRN)及信噪比	纬度(°′″)	经度(°′″)	大地高(m)	天气状况	
记事						

2. 手工记录

手工记录是指在接收机启动前及观测过程中,由操作者随时填写的测量手簿。其中,观测记事栏应记载观测过程中发生的重要问题、问题出现的时间及其处理方式。

(1)记录项目、内容:

(2)测站名、测站号;

(3)观测日期、天气状况、时段号;

(4)观测时间应包括开始与结束记录时间,宜采用协调世界时 UTC,填写至时分;

(5)接收机设备应包括接收机类型及号码,天线号码;

(6)近似位置应包括测站的近似经度、纬度和近似高程,经度、纬度应取至 1′,高程应取至 0.1m;

(7)天线高应包括测前、测后量得的高度及其平均值,均取至 0.001m;

(8)观测状况应包括电池电压、接收卫星号及其信噪比(SNR)、故障情况等。

3. 记录要求

(1)原始观测值和记事项目应按规定现场记录,字迹要清楚、整齐、美观,不得涂改、转抄;

(2)外业观测记录各时段结束后,应及时将每天外业观测记录结果录入计算机硬、软盘;

(3)接收机内存数据文件在下载到存储介质上时,不得进行任何剔除与删改,不得调用任何对数据实施重新加工组合的操作指令。

六、注意事项

(1)观测前,接收机一般须按规定经过预热和静置。

(2)观测前,应检查蓄电池的电量、接收机的内存和可储存空间是否充足。

(3)当确认外接电源电缆及天线等各项连接无误后,方可接通电源,启动接收机。

(4)开机后,接收机的有关指示和仪表数据显示正常时,方可进行自测试和输入有关测站和时段控制信息。

(5)接收机在开始记录数据后,用户应查看有关观测卫星数据、卫星号、相位测量残差、实时定位结果及其变化、存储介质记录等情况。

(6)在观测过程中,接收机不得关闭并重新启动;不准改变卫星高度角的限值;不准改变天线高。

(7)每一观测时段中,气象资料一般应在时段始末及中间各观测记录一次。当时段较长时,应适当增加观测次数。

(8)观测中,应避免在接收机近旁使用无线电通信工具。

(9)作业同时应做好测站记录,包括控制点点名、接收机序列号、仪器高、开关机时间等相关的测站信息。

(10)观测站的全部预定作业项目,经检查均已按规定完成,且记录与资料均完整无误后,方可迁站。

七、上交资料

每人上交RTK测量外业观测记录表和实训报告一份(表4-4)。

实 训 报 告　　　　　　　　　　　　表4-4

日期:　　　班级:　　　组别:　　　姓名:　　　学号:

实训题目	GNSS-RTK的数据采集	成绩	
实训目的			

续上表

主要仪器及工具	
实训场地布置草图	
实训主要步骤	
实训总结	

任务三　利用 GNSS-RTK 进行工程施工放样

一、目的与要求

(1) 熟悉 RTK 的技术操作。
(2) 掌握利用 RTK 进行工程施工放样的过程;了解点放样方法、直线放样的方法。

二、仪器与工具

(1) 各测量小组由仪器室借领:

①基准站仪器:RTK 基准站接收机 1 台、DL3 电台 1 台、蓄电池 1 块、加长杆 1 根、电台天线 1 根、电台数传线 1 根、电台电源线 1 根、三脚架 2 个、基座 1 个、加长杆铝盘 1 个。

②流动站仪器:RTK 流动站接收机 1 台、棒状天线 1 根、碳纤对中杆 1 个、手簿 1 个、托架 1 个、电子手簿 1 个。

(2)自备:2H 铅笔、草稿纸。

三、实训计划

(1)学时:2 学时。

(2)人数:每小组为 4~6 人。

四、实训方法与步骤

1. 新建任务

架设基准站和流动站仪器,打开手簿的测绘通软件。新建任务,启动基准站和流动站,进行点校正。当进入"固定"状况,可以进入碎部测量阶段。

2. 已知数据输入

1)点的键入

点击"键入→点",进入键入点界面,在点名称下输入点的名称,北输入 X 坐标、东输入 Y 坐标、高程输入 H,如图 4-2 所示。

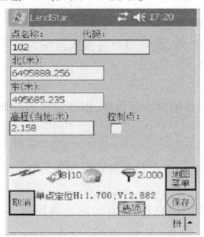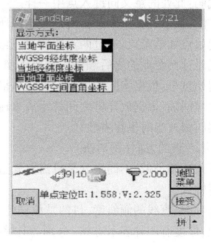

图 4-2 键入点

执行"选项",选择输入点的坐标系统与格式。输入点有两个作用:用此点进行点校正或放样此点。

(1)点名称:可以是数字、字母、汉字。

(2)代码:一般输入此点的属性、特征位置等,也可以是数字、字母、汉字;

分别在北、东、高程输入此点的 X、Y、H。

(3)控制点:选与不选只是图标标记不同。

当需要修改键入点时,软件增加了修改功能,在"文件→元素管理器→点管理器"中修改,但测量点是不能进行修改的。

2）直线的键入

点击"键入→直线",如图4-3所示。

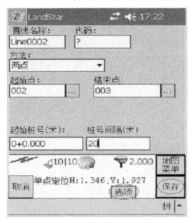

图4-3 键入直线

键入直线有两种方法,即两点法和从一点的方向(距离法)。

(1)两点法。

①直线名称:输入定义直线的名称,一个新的任务直线默认名称为Line0001,如果在同一任务定义第二条直线,默认名称为Line0002,依次类推。

②代码:此处的意义同键入点中一样。

③方法:在下拉菜单中选择要定义直线所用的方法。

④起始点和结束点:通过两点法定义直线的关键,是先前通过键入点输入到手簿里的,定义直线时这两个点的先后顺序一定要正确。

⑤起始桩号:根据实际的里程起点桩号输入。

⑥桩号间隔:根据放样桩之间的距离来输入,目的是方便放样,但在放样的时候,可以根据需要实时修改当时里程去放样。

(2)从一点的方向(距离法)。

和两点法相类似,不同之处是只需要知道起点的坐标和此条直线的方位角,直线的长度可以任意输入。

坡度:此条直线的倾斜度,目的是放样此条直线的高程,但在实际的放样中很少用RTK放样高程,坡度有四种表示方法:分别为比率——垂直:水平、比率——水平:垂直、角度、百分比,通常用角度,"选项"中可对这四种方法进行选择。

3）键入道路

点击"键入→道路",进入键入道路界面,如图4-4所示。

用RTK去放样一条道路,首先应根据元素法去定义一条道路是最方便的使用方法。当然也可以选择以前定义好的道路进行编辑,具体定义道路的方法如下所述:输入新建道路名称或使用默认的Road0001点击"接受",选中水平定线点击"编辑",进入道路编辑界面,如图4-5所示。

"新建"后就可根据提示填写道路已知元素来创建道路。

起始桩号:根据所要放样的里程输入。

图 4-4 键入道路

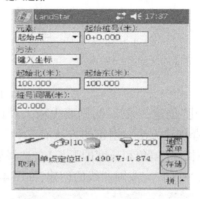

图 4-5 道路编辑

方法有键入坐标和选择点两种:键入坐标法则只需在起始北和起始东的文本框里输入坐标即可;选择点法可以选择已经采集或键入的点,桩号间隔则根据工程需要自行设定,设置好并检查无误后选择存储,这只是定义一条道路的起点。

一条完整的道路由下面部分组成:直线→缓和曲线→圆曲线→缓和曲线→直线,道路的桩号根据所创建元素长度自动累加。下面以这个顺序创建一条道路:

(1)"新建"元素选择直线,定义道路的直线部分和上面定义直线的方法一致,定义好后选择"存储",即把道路的直线段创建好了,如图 4-6 所示。

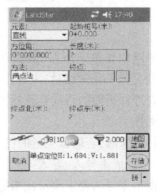

图 4-6 新建直线

(2)"新建"创建缓和曲线,输入设计的方位角(起点切线的方位角,且默认值为上段直线的方位角,方位角是不需要输入的,即直线的方位角就是缓和曲线起点切线的方位角);再选择直缓曲线或缓直曲线(当然按顺序为直缓曲线,即由直线转为缓和曲线);然后输入缓和曲线的弧段方向和半径(半径是圆曲线的半径)、长度(这段缓和曲线弧的长度)来确定要创建的缓和曲线,单击"存储"即可,如图4-7所示。

图4-7 新建缓和曲线

(3)"新建"创建一条弧线,则要先输入设计的方位角(和上面所说意义相同,一般为默认值),再选择创建方法。创建的方法有三种:分别是弧长和半径、角度变化量(圆心角)和半径、偏角和长度(偏角和长度即弧长)。选择后可根据提示在相应的位置中输入数值,再选择弧段方向,"存储"完成圆曲线的创建,如图4-8所示。

图4-8 新建弧线

用同样方法可以创建整条道路,最后选择"接受"后自动退到水平定线界面,然后"保存"道路,否则新建另外一条道路后,未保存的当前道路会自动删除。

可以在元素管理器里面的直线管理器和道路管理器查看已有的直线和道路信息。

3. 导入数据文件

使用坐标进行放样时,若输入大量的已知点到手簿,既浪费时间又易出错。测地通软件支持包括点坐标导入、成果导入、导入DXF文件、清空DXF文件以及电力线数据导入。

可把已知数据根据导入要求编辑成指定格式(有三类格式:点名,X,Y,H;点名,代码,X,Y,H;X,Y,H,点名),扩展名为*.txt或*.pt;再把编辑好的文件复制到当前任务所在目录下(也可复制到主内存任一文件夹下,通过文件夹浏览找到此文件)。

选择"文件→导入→点坐标导入",如图4-9所示。

图4-9　点坐标导入

(1)文件名称:选择导入数据的名称(已编辑并复制到手簿内存中的数据文件),如果数据文件是复制到当前任务目录下时,系统会自动显示出数据文件,或浏览文件夹及选择文件类型来找到目标数据文件。

(2)转成84坐标:其目的是为把所导入手簿的坐标以WGS-84的格式保存。

图4-10所示即为编辑导入第一种方法的格式,高程后有无逗号不受影响。

图4-10　编辑数据导入文本

4.点放样

1)常规点放样

点击"测量→点放样→常规点放样",选择"增加",增加点的方法有六种,选择不同的方法,会有相应的引导路径进行操作,如图4-11所示。

(1)输入单一点名称:直接输入需放样的点名称。

(2)从列表中选择:从点管理器中选择需放样的点。

(3)所有键入点:放样点界面上会导入全部的键入点。

(4)半径范围内的点:选择中心点及输入相应的半径,则会导入符合条件的点。

(5)所有点:将导入点管理器中所有的点。

(6)相同代码点:将导入所有具有该相同代码的点。

图 4-11 常规点放样增加点界面

导入放样点成功后,选择需放样的点,点击"放样"按钮,输入正确的天线高度和测量到的位置,点击"开始",进行点的放样,如图 4-12 所示。

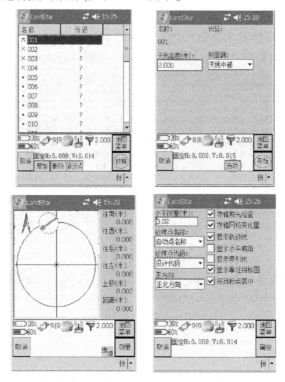

图 4-12 开始放样

箭头的指示方向可以在"选项"中选择正北方向或前进方向;右上方显示向哪个方向移动,上移显示填或挖高度;⊗ 表示放样点的位置;• 表示当前位置。当接收机接近放样点时箭头变为圆圈,目标点为十字丝。

执行"测量",正确输入天线高度和测量值后,点击"测量"得出所放点的坐标和设计坐标的差值,如果差值在要求范围以内,则继续放样其他各点,否则重新放样,标定该点,如图 4-13 所示。

图 4-13　测量检核

2) 直线放样

常用于电杆排放、道路放样等。根据界面的导航信息可以快速到达待定直线,方便快捷。点击"测量→直线放样",进入直线放样界面,如图 4-14 所示。

图 4-14　直线放样

指定要放样的直线,选择放样方法。

(1) 放样直线上的任意点。

(2) 放样用户设定桩与桩之间的间距后,有目的的放样直线上的控制桩,用户可以任意加桩。

(3) 放样偏离设定直线的任意桩号,向右偏为正,左偏为负,垂直方向类似。

(4) 放样偏角设定直线的任意桩号。

选择其中的一种方法即可放样。直线放样选项及检核如图 4-15 所示。

点击"选项",选择是否显示桩号及设置其他内容。

当移动站位置在放样直线的方向时,执行测量,得出标定点与设计桩号坐标的差值,根据差值的大小确定是否需要重新放样该点。

图 4-15　直线放样选项及检核

五、记录与计算

外业观测手簿见表 4-5。

　　　　　　　　　　工程外业观测手簿　　　　　　　　表 4-5

观测者姓名_____　日期_____年_____月_____日	
测站名_____　测站号_____　时段号_____ 天气状况_____	
测站近似坐标： 经度 E：_____°_____′ 纬度 N：_____°_____′ 高程：_____	本测站为 □_____新点 □_____等大地点 □_____等水准点 □_____
记录时间：□北京时间　□UTC　□区时 开始时间_____　结束时间_____	
接收机号_____　天线号_____ 天线高(m)：　测后校核值_____ 1._____ 2._____ 3._____平均值_____	
天线高量取方式略图	测站略图及障碍物情况

六、注意事项

（1）为了检验当前站 RTK 作业的正确性，必须检查一个以上的已知控制点，或已知任意地物点、地形点，当检核在设计限差要求范围内时，方可开始 RTK 测量。

（2）RTK 作业应尽量在天气良好的状况下进行，要尽量避免雷雨天气。夜间作业精度一般优于白天。

（3）RTK 作业前要进行严格的卫星预报，选取 PDOP<6，卫星数>6 的时间窗口。编制预报表时应包括可见卫星号、卫星高度角和方位角、最佳观测卫星组、最佳观测时间、点位图形、几何图形、强度因子等内容。

（4）开机后经检验有关指示灯与仪表显示正常后，方可进行自测试并输入测站号（测点号）、仪器高等信息。接收机启动后，观测员可使用专用功能键盘和选择菜单，查看测站信息接收卫星数、卫星号、卫星健康状况、各卫星信噪比、相位测量残差、实时定位的结果及收敛值、存储介质记录和电源情况，如发现异常情况或未预料情况，应及时作出相应处理。

（5）在一个连续的观测段中，应对首尾的测量成果进行检验。检验方法如下：

①在已知点上进行初始化。

②复测（两次复测之间必须重新进行初始化）。

（6）每放样一个点后都应及时进行复测，所放点的坐标和设计坐标的差值不超过 2cm。

七、上交资料

每组上交 GNSS-RTK 点放样外业观测手簿和实训报告一份（表 4-6）。

实 训 报 告　　　　　　　　　　表 4-6

日期：　　班级：　　组别：　　姓名：　　学号：

实训题目	GNSS-RTK 进行施工放样	成绩	
实训目的			
主要仪器及工具			
实训场地布置草图			
实训主要步骤			
实训总结			

项目五

小区域控制测量

任务一 全站仪坐标测量

一、目的与要求

(1)认识全站仪的构造,了解仪器各部件的名称和作用。
(2)初步掌握全站仪的操作要领。
(3)掌握全站仪坐标测量的方法。

二、仪器与工具

(1)各测量小组由仪器室借领:全站仪1台、棱镜1个、三脚架2个、5m卷尺1把。
(2)自备:2H铅笔、草稿纸。

三、实训计划

(1)学时:2学时。
(2)人数:每小组为4~6人。
(3)在实训区内选择某点位安置全站仪,熟悉全站仪的主要程序界面,每小组成员熟练操作全站仪进行坐标测量工作,记录观测数据,完成实训报告。

四、实训方法与步骤

(1)架设三脚架。将三脚架伸到适当高度,确保三条架腿等长,打开并使三脚架顶面近似水平,且位于测站点的正上方。将三脚架腿支撑在地面上,使其中一条架腿固定。

(2)安置仪器和对点。将仪器小心地安置到三脚架上,拧紧中心连接螺旋,调整光学对点器,使十字丝成像清晰。双手握住另外两条未固定的架腿,通过对光学对点器的观察调节该两条架腿的位置。当光学对点器大致对准测站点时,使三脚架的三条架腿均固定在地面上。调节全站仪的三个脚螺旋,使光学对点器精确地对准测站点。

(3)利用圆水准器粗平仪器。调整三脚架的三条架腿的长度,使全站仪圆水准气泡居中。

(4)利用管水准器精平仪器。测量时主要分为以下两步进行:

①松开水平制动螺旋,转动仪器,使管水准器平行于某一对脚螺旋A、B的连线。通过旋转脚螺旋A、B,使管水准器气泡居中。

②将仪器旋转90°,使其垂直于脚螺旋 A、B 的连线。旋转脚螺旋 C,使管水准器气泡居中。

③精确对中与整平。通过对光学对点器的观察,轻微松开中心连接螺旋,平移仪器(不可旋转仪器),使仪器精确对准测站点。再拧紧中心连接螺旋,再次精平仪器。此项操作重复至仪器精确对准测站点为止。

④坐标测量。

a. 选择"坐标测量"进入坐标测量模式,坐标测量模式一共有三页菜单,如图5-1所示。

b. 设置已知点 A 的方向角,如图5-2所示。

c. 照准目标 B,按 CORD 坐标测量键,如图5-3所示。

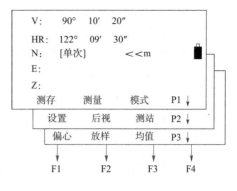

图 5-1 坐标测量模式

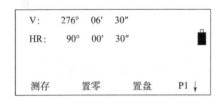

图 5-2 设置已知点 A 的方向角

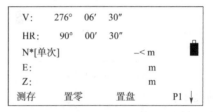

图 5-3 照准目标 B

d. 开始测量,按 F2(测量)键可重新开始测量,如图5-4所示。

e. 按 F1(测存)键启动坐标测量,并记录测得的数据,测量完毕,按 F4(是)键,屏幕返回到坐标测量模式。一个点的测量工作结束后,程序会将点名自动+1,重复刚才的步骤即可重新开始测量,如图5-5所示。

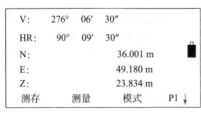

图 5-4 开始测量

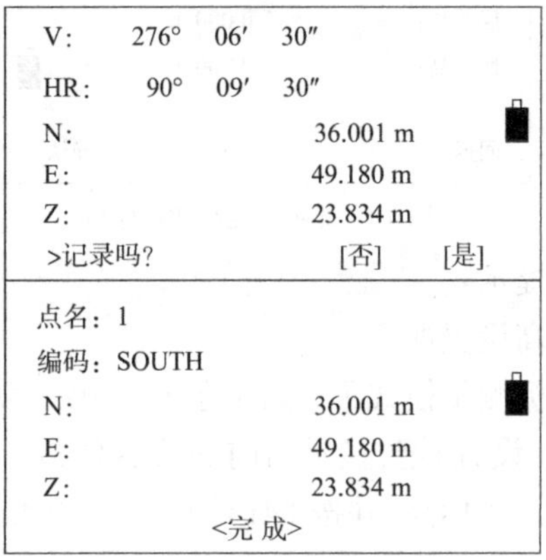

图 5-5 测量完成

特别提示:

进行坐标测量时注意:要先设置测站坐标、仪器高、目标高及后视方位角。

特别提示:

测站点坐标的设置如下。

①坐标测量模式下,按 F4(P1)键,转到第二页功能,如图5-6所示。

②F3(测站)键,如图 5-7 所示。

③输入 N 坐标,并按 F4 确认键,如图 5-8 所示。

④同样方法输入 E 和 Z 坐标,输入完毕,屏幕返回到坐标测量模式,如图 5-9 所示。

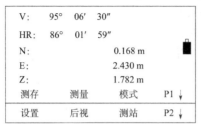

图 5-6 转到第二页功能

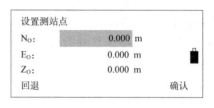

图 5-7 F3(测站)键

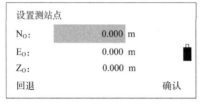

图 5-8 输入 N 坐标

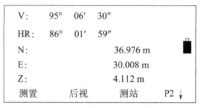

图 5-9 输入 E 和 Z 坐标

特别提示:

仪器高设置如下。

①坐标测量模式下,按 F4(P1)键,转到第二页功能,如图 5-6 所示。

②F1(设置)键,显示当前的仪器高和目标高,如图 5-10 所示。

③输入仪器高,并按 F4(确认)键,如图 5-11 所示。

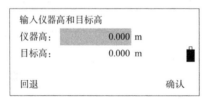

图 5-10 显示仪器高和目标高

图 5-11 输入仪器高

特别提示:

目标高设置如下。

①坐标测量模式下,按网键,进入第二页功能,如图 5-6 所示。

②F1(设置)键,显示当前的仪器高和目标高,将光标移到目标高,如图 5-12 所示。

③输入目标高,并按 F4(确认)键,如图 5-13 所示。

图 5-12 将光标移到目标高

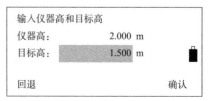

图 5-13 输入目标高

五、记录与计算

全站仪三维坐标测量记录表见表 5-1。

全站仪三维坐标测量记录表　　　　　表 5-1

日期:_____ 天气:_____ 仪器型号:_____ 组号:_____
观测者:_____ 记录者:_____ 立棱镜者:_____
已知:测站点的三维坐标 X = _____ m, Y = _____ m, H = _____ m
测站点至后视点的坐标方位角 α = _____ °
量得:测站仪器高 = _____ m,前视点的棱镜高 = _____ m
用盘左测得前视点的三维坐标为: X = _____ m, Y = _____ m, H = _____ m
用盘右测得前视点的三维坐标为: X = _____ m, Y = _____ m, H = _____ m
平均坐标为: X = _____ m, Y = _____ m, H = _____ m

六、注意事项

(1) 在搬运仪器时,要提供合适的减振措施,以防止仪器受到突然振动。

(2) 在近距离将仪器和脚架一起搬动时,应保持仪器竖直向上。

(3) 在保养物镜、目镜和棱镜时,使用干净的毛刷扫去灰尘,然后再用干净的绒棉布蘸酒由透镜中心向外一圈圈地轻轻擦拭。

(4) 应保持插头清洁、干燥,使用时要吹出插头的灰尘与其他细小物体。在测量过程中,若拔出插头,则可能丢失数据。拔出插头之前应先关机。

(5) 在装卸蓄电池时,必须关掉电源。

(6) 仪器只能存放在干燥的室内。充电时周围温度应在 10 ~ 30℃。

(7) 全站仪是精密贵重的测量仪器,要防日晒、防雨淋、防碰撞振动。严禁仪器直接照太阳。

(8) 操作前应仔细阅读本实训指导书并认真听老师讲解。不明白操作方法与步骤者,不得操作仪器。

七、上交资料

每人上交全站仪三维坐标测量和实训报告一份(表 5-2)。

实　训　报　告　　　　　表 5-2

日期:　　　班级:　　　组别:　　　姓名:　　　学号:

实训题目	全站仪坐标测量	成绩	
实训目的			
主要仪器及工具			

续上表

实训场地布置草图	
实训主要步骤	
实训总结	

任务二　全站仪坐标放样

一、目的与要求

(1)认识全站仪的构造,了解仪器各部件的名称和作用。
(2)初步掌握全站仪的操作要领。
(3)掌握全站仪坐标放样的操作方法。

二、仪器与工具

(1)各组由仪器室借领:全站仪1台、棱镜1个、三脚架2个、5m卷尺1把。
(2)自备:2H铅笔、草稿纸。

三、实训计划

(1)学时:2学时。

(2)人数:每小组为4~6人。

(3)选择某点位作为测站点,熟练安置全站仪,另外选取一点作为后视点。

(4)设置一个测设距离,进行距离测设。

(5)已知测站点坐标 $O(5\,678.123, 2\,451.392, 100)$,再选择一点 B 作为已知后视点,OB 边射标方位角 $\alpha_{OB} = 221°37'45''$,放样点位 $P_1(5\,691.416, 2\,453.664, 101.123)$、$P_2(5\,694.524, 2\,456.000, 100.651)$,$P_3(5\,697.857, 2\,458.534, 100.486)$。

(6)量取仪器高度和棱镜高度。

(7)进行点位坐标放样,放样时输入以上已知量及仪器高和棱镜高。记录观测数据,完成实训内容上交。

(8)尽量小组内每个成员进行一边。

四、实训方法与步骤

在菜单模式下选择"2、放样"也可以进行坐标测量。预先输入仪器的坐标数据,可以输出打桩的桩位的坐标。

实训步骤见表5-3。

实 训 步 骤　　　　　　　　　　　　　　　　　　　表5-3

操作过程	操作键	显　　示
(1)在测量模式的第2页菜单下按 放样 ,进入放样测量菜单屏幕	放样	放样 1.设置测站 2.放样 3.观测 4.测距参数
(2)选择"1、设置测站"后按 ENT (或直接按数字键1)。 输入测站数据(或按 取值 调用仪器内存中的坐标数据)。按 后交 进行后方交会设站,详细参照"15 后方交会测量"	"1、设置测站" + ENT	N_0: 123.789 E_0: 100.346 Z_0: 320.679 仪器高: 1.650m 目标高: 2.100m 取值　方位　后视　后交
(3)按 后视 进行"后视坐标"界面,输入坐标完毕后进入后视照准界面。 记录 :记录测站数据 检查 :显示测量坐标和输入后视之间的差值 是 :设置测站单不记录测站数据	"F3 后视" + 输入坐标 + 确定	后视 请照准后视 ZA　89°45'23" HAR　49°26'34" 方位角　150°16'54" 记录　检查　否　是

续上表

操 作 过 程	操 作 键	显 示
(4)选择"2、放样"后按 ENT ，在 N_p 、E_p 、Z_p 中分别输入待放样点的三个坐标值，每输入完一个数据项后按 ENT 。 ESC :中断输入 取值 :读取数据 记录 :记录数据	"2、放样" + ENT	放样值(1) N_p : 1223.455 E_p : 2445.670 Z_p : 1209.747 目标高:1.620m ↓ 记录　取值　确定
(5)在上述数据输入完毕后，仪器自动计算出放样所需距离和水平角，并显示在屏幕上。按 确定 进入放样观测屏幕	确定	SO_2H　-2.193m H　0.043m ZA　89°45′23″ HAR　150°16′54″ dHA　-0°00′06″ 记录　切换　<一>　平距
(6)按"12.1距离放样测量"中介绍的第5至第10步操作定出待放样点的平面位置。为了确定出待放样点的高程，按 切换 使之显示 坐标 。按 坐标 开始高程放样测量，屏幕显示如右图所示	切换 + 坐标	SO_2N　0.001m E　-0.006m Z　5.321m HAR　150°16′54″ dHA　0°00′02″ 记录　切换　<一>　坐标
(7)测量停止后显示出放样观测屏幕。按 <一> 后按 坐标 使之显示放样引导屏幕。其中第4行位置上所显示的值为至待放样点的高差，而由两个三角形组成的箭头指示棱镜应移动的方向。(若欲使至待放样的差值以坐标形式显示，在测量停止后再按一次 <一>)	<一> + 坐标	←　0°00′00″ ↓　-0.006m ↓　0.300m ZA　89°45′20″ HAR　150°16′54″ 记录　切换　<一>　坐标

续上表

操作过程	操作键	显 示
(8)按 坐标 ,向上或者向下移动棱镜至使所显示的高差值为0m(该值接近于0m时,屏幕显示出两个箭头)。当第1、2、3行的显示值均为0时,测杆底部所对应的位置即为待放样点的位置。箭头含义: ↑:向上移动棱镜　↓:向下移动棱镜 注:按FNC键可改目标高	坐标	↔　0°00′00″ ↔　0.000m ↔　0.003m ZA　89°45′20″ HAR　150°16′54″ [记录] [切换] [<一>] [坐标]
(9)按 ESC 返回放样值(1)界面。 从第4步开始放样下一个点	ESC	放样值(1) N_p: 1223.455 E_p: 2445.670 Z_p: 1209.747 目标高:1.620m↓ [记录] [取值] [确定]

五、记录与计算

全站仪点位放样记录表见表5-4。

全站仪点位放样记录表　　　　　　　　　　　表5-4

日期:_____天气:_____仪器型号:_____组号:_____
观测者:_____记录者:_____立棱镜者:_____
已知:测站点的三维坐标 X =_____m, Y =_____m, H =_____m
测站点至后视点的坐标方位角 α =_____°
待放样点_____的三维坐标 X =_____m, Y =_____m, H =_____m
待放样点_____的三维坐标 X =_____m, Y =_____m, H =_____m
待放样点_____的三维坐标 X =_____m, Y =_____m, H =_____m
量得:测站仪器高 =_____m,前视点的棱镜高 =_____m
则:待放样点_____处的地面,需_____(填"填"或"挖"),其填挖高度为_____m
待放样点_____处的地面,需_____(填"填"或"挖"),其填挖高度为_____m
待放样点_____处的地面,需_____(填"填"或"挖"),其填挖高度为_____m

六、注意事项

(1)使用是必须严格遵守操作规程,注意爱护仪器。
(2)阳光下使用全站仪测量时,一定要撑伞遮阳,严禁用望远镜对准太阳。
(3)开机后先检测信号,停测时随时关机。
(4)更换蓄电池时,应先关断电源开关。

七、上交资料

每人上交全站仪坐标放样记录表和实训报告一份(表5-5)。

实 训 报 告 表5-5

日期：　　　班级：　　　组别：　　　姓名：　　　学号：

实训题目	全站仪坐标放样	成绩	
实训目的			
主要仪器及工具			
实训场地布置草图			
实训主要步骤			
实训总结			

任务三　四等水准测量

一、目的与要求

(1)学会用双面水准尺进行四等水准测量的观测、记录、计算方法。
(2)熟悉四等水准测量的主要技术指标,掌握测站及水准路线的检核方法。

二、仪器与工具

(1)由仪器室借领:DS_3、水准仪 1 台、双面水准尺 2 根、记录板 1 块、尺垫 2 个、测伞 1 把。
(2)自备:计算器、铅笔、小刀、计算用纸。

三、实训计划

(1)学时:2 学时。
(2)人数:每小组为 4~6 人。
(3)在实训区内选定一条闭合或附合水准路线,其长度以安置 4~6 个测站为宜。沿线标定待定点的地面标志,进行四等水准观测记录完毕应随即计算。

四、实训方法与步骤

(1)选定一条闭合或附合水准路线,其长度以安置 4~6 个测站为宜。沿线标定待定点的地面标志。
(2)在起点与第一个立尺点之间设站,安置好水准仪后,按以下顺序观测:
①后视黑面尺,读取上、下丝读数;精平,读取中丝读数;分别记入表 5-5 的(1)、(2)、(3)顺序栏中。
②前视黑面尺,读取上、下丝读数;精平,该取中丝读数;分别记入表 5-5 的(4)、(5)、(6)顺序栏中。
③前视红面尺,精平,读取中丝读数;记入表 5-5 的(7)顺序栏中。
④后视红面尺,精平,读取中丝读数;记入表 5-5 的(8)顺序栏中。
这种观测顺序简称"后—前—前—后",也可采用"后—后—前—前"的观测顺序。
(3)各种观测记录完毕应随即计算:
①黑、红面分划读数差(即同一水准尺的黑面读数 + 常数 K - 红面读数)填入表 5-5 的(9)、(10)顺序栏中,(9) = K +(6)-(7);(10) = K +(3)-(8)。
②黑、红面分划所测高差之差填入表 5-5 的(11)、(12)、(13)顺序栏中,(11) = (3) - (6),(12) = (8) - (7),(13) = (10) - (9)。
③高差中数填入表 5-5 的(14)顺序栏中,(14) = $\frac{1}{2}$[(11) + (12) ± 0.100]。

④前、后视距(即上、下丝读数差乘以100,单位为m)填入表5-5的(15)、(16)顺序栏中,(15) = (1) - (2),(16) = (4) - (5)。

⑤前、后视距差填入表5-5的(17)顺序栏中,(17) = (15) - (16)。

⑥前、后视距累积差填入表5-5的(18)顺序栏中,(18) = 上站(18) + 本站(17)。

⑦检查各项计算值是否满足限差要求。

(4)依次设站同法施测其他各站。

(5)全路线施测完毕后计算:

①路线总长(即各站前、后视距之和)。

②各站前、后视距差之和(应与最后一站累积视距差相等)。

③各站后视读数和、各站前视读数和、各站高差中数之和(应为上两项之差的1/2)。

④路线闭合差(应符合限差要求)。

⑤各站高差改正数及各待定点的高程。

五、记录与计算

四等水准测量记录表见表5-6。

四等水准测量记录表　　　　　　　　表5-6

测站编号	点号	后尺 下丝 上丝	前尺 下丝 上丝	方向及尺号	标尺读数(m)		$K+黑-红$ (mm)	高差中数 (m)	备注
		后视距(m)	前视距(m)		黑面	红面			
		视距差 d(m)	$\sum d$(m)						
填表示范		(1)	(4)	后	(3)	(8)	(10)	(14)	
		(2)	(5)	前	(6)	(7)	(9)		
		(15)	(16)	后—前	(11)	(12)	(13)		
		(17)	(18)						
				后					
				前					
				后—前					
				后					
				前					
				后—前					
				后					
				前					
				后—前					

续上表

测站编号	点号	后尺 下丝	前尺 下丝	方向及尺号	标尺读数(m)		$K+黑-红$ (mm)	高差中数 (m)	备注
		上丝	上丝		黑面	红面			
		后视距(m)	前视距(m)						
		视距差 d(m)	$\sum d$(m)						
				后					
				前					
				后—前					
校核	$\sum【(3)+(8)】-\sum【(6)+(7)】=$ $\sum【(11)+(12)】=\qquad 2\sum(14)=$ $\sum【(15)-(16)】=\qquad =末站(18)$ 总视距 $-\sum【(15)+(16)】=$								

六、注意事项

(1)每站观测结束后应当即计算检核,若有超限则重测该测站。全路线施测计算完毕,各项检核均已符合,路线闭合差也在限差之内,即可收测。

(2)有关技术指标的限差规定见表5-7。

有关技术指标限差规定　　表5-7

等级	视线高度 (m)	视距长度 (m)	前后视距差 (m)	前后视距累计差 (m)	黑、红面分划读数差 (mm)	黑、红面分划所测高度之差(mm)	路线闭合差 (mm)
四	>0.2	≤80	≤3.0	≤10.0	3.0	5.0	$\pm 20\sqrt{L}$

注:表中 L 为路线总长,以 km 为单位。

(3)四等水准测量作业的集体观念很强,全组人员一定要互相合作,密切配合,相互体谅。

(4)记录者要认真负责,当听到观测值所报读数后,要回报给观测者,经默许后,方可记入记录表中。如果发现有超限现象,立即告诉观测者进行重测。

(5)严禁为了快出成果,转抄、照抄、涂改原始数据,记录的字迹要工整、整齐、清洁。

(6)四等水准测量记录表内( )中的数,表示观测读数与计算的顺序。(1)~(8)为记录顺序,(9)~(18)为计算顺序。

(7)仪器前后尺视距一般不超过80m。

(8)双面水准尺每两根为一组,其中一根尺常数 $k_1=4.687$m,另一根尺常数 $k_2=4.787$m,两尺的红面读数相差 0.100m(4.687m 与 4.787m 之差),当第一测站前尺位置决定以后,两根尺要交替前进,即后变前,前变后,不能搞乱。在记录表中的方向及尺号栏内要写明尺号,在备注栏内写明相应尺号的 k 值,起点高程可采用假定高程,即设 $H_0=100.00$m。

(9)四等水准测量记录计算比较复杂,要多想多练,步步校核,熟中取巧。

(10)四等水准测量在一个测站的观测顺序应为:后视黑面三丝读数→前视黑面三丝读

数→前视红面三丝读数→后视红面三丝读数,称为"后—前—前—后"顺序。当沿土质坚实的路线进行测量时,也可以用"后—后—前—前"的观测顺序。

七、上交资料

(1)每组上交合格的四等水准测量记录表一份。

(2)每人上交实训报告一份(表5-8)。

实 训 报 告　　　　　　　　　　　表5-8

日期:　　　班级:　　　组别:　　　姓名:　　　学号:

实训题目	四等水准测量	成绩	
实训目的			
主要仪器及工具			
实训场地布置草图			
实训主要步骤			
实训总结			

项目六

道路中线测量

任务一 中平测量

一、目的与要求

(1) 熟悉视线高法的原理。
(2) 掌握中平测量的外业实施与内业处理。

二、仪器与工具

(1) 各组由仪器室借领:自动安平水准仪1台、水准尺2根、记录板一块、测伞一把。
(2) 自备:2H铅笔、草稿纸。

三、实训计划

(1) 学时:2学时。
(2) 人数:每小组为4~6人。
(3) 各组利用2个已知水准点,每隔5m完成一段道路(长度100m左右)中桩点高程的测量。

四、实训方法与步骤

1. 场地布置

选择长约100m的起伏线段路线起终点附近各定一个水准点BM1、BM2(高程已知),按5m的桩距设置中桩,在桩位处标临时标志(硬质路面)并标注桩号。

2. 外业观测

(1) 在测段始点附近的水准点BM1上竖立水准尺,统筹考虑整个测设过程,选定前视转点ZD1,并竖立水准尺。

(2) 在距BM1、ZD1大致等远的地方安置水准仪,先读取后视点BM1上水准尺上的读数并记入后视栏;读取前视点ZD1上水准尺上的读数,将此记录暂记入备注栏中适当的位置以防忘记,依次在本站各中桩处的地面上竖立水准尺并读取读数(可读至cm),将各读数记入中视栏,最后记录前视点ZD1,并将ZD1的读数记入前视栏,如图6-1所示。

(3) 选定ZD2并竖立水准尺,在距ZD1、ZD2大致相等的地方安置水准仪,先读取后视点ZD1上水准尺的读数并记入后视栏,读取前视点ZD2上水准尺的读数,将此读数暂记入备注栏中适当的位置以防忘记,依次在本站各中桩处的地面上竖立水准尺并读取读数(一般可读至 cm),将各读数记入中视栏,并将 ZD2 的读数记入前视栏。用上法观测所有中桩并测至路段终点附近的水准点 BM2。

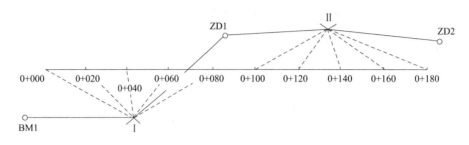

图 6-1　外业观测

3. 内业计算

(1)计算测段高差闭合差,看是否满足精度要求(L 为相应测段路线长度,以 km 计),如果合格,不分配闭合差。

$$f_h \leq 50\sqrt{L}$$

(2)计算各中桩的地面高程。

视线高程 = 后视点高程 + 后视读数
前视点高程 = 视线高程 - 前视读数
中桩地面高程 = 视线高程 - 中视读数

五、记录与计算

道路中平测量记录与计算表见表 6-1。

道路中平测量记录与计算表　　　　　　表 6-1

班级_____　组号_____　测量人员_____
组长_____　仪器_____　日期____年__月__日

测点	桩　号	水准尺读数			视线高程	地面高程	备注
		后视	中视	前视			

续上表

测点	桩号	水准尺读数			视线高程	地面高程	备注
		后视	中视	前视			

计算校核：

六、注意事项

(1) 在各中桩处立尺时，水准尺不能放在桩顶，而应紧靠木桩放在地面上。
(2) 转点应选在坚实、凸起的地点或稳固的桩顶，当选在一般的地面上时应置尺垫。
(3) 前后视读数须读至 mm，中视读数一般可读至 cm。
(4) 转点和测站点的选择要统筹考虑，不能顾此失彼。
(5) 视线长一般不宜大于 100m。
(6) 中平与基平符合时，容许闭合差 $f_h \leq 50\sqrt{L}$（L 为两水准点间的水准路线长度，以 km 为单位）。

七、上交资料

(1) 每人上交中平测量记录表一份。
(2) 每人上交实训报告一份（表 6-2）。

实 训 报 告　　　　　　　　　　表 6-2

日期：　　班级：　　组别：　　姓名：　　学号：

实训题目	道路中平测量		成绩	
实训目的				
主要仪器及工具				
实训场地布置草图				
实训主要步骤				
实训总结				

任务二　横断面测量

一、目的与要求

(1)熟悉花杆皮尺法横断面测量的原理和实施。
(2)掌握横断面图的绘制。

二、仪器与工具

(1)各组由仪器室借领:30m 皮尺 1 把、花杆 2 根、记录板一块。
(2)自备:2H 铅笔、草稿纸。

三、实训计划

(1)学时:2 学时。
(2)人数:每小组为 4~6 人。
(3)每隔 5m 完成一段道路(长度 50m 左右)中桩点横断面的测量并绘制横断面图。

四、实训方法与步骤

1. 场地布置

选择长约 50m 的起伏线段路线,按 5m 的桩距设置中桩,在桩位处标临时标志(硬质路面)并标注桩号。

2. 外业观测

标杆皮尺测量法(抬杆法):

(1)如图 6-2 所示,1、2、3 为横断面左侧方向上根据地面变化情况所选定的变坡点。施测时,将标杆竖立在 1 点上,皮尺靠在中桩地面拉平,量出中桩点至 1 点的水平距离,而皮尺截于标杆的红白格数(通常每格为 0.2m)即为两点间的高差。同法可测得 1 点与 2 点、2 点与 3 点…的距离和高差,直至测完左侧方向需要的宽度为止。

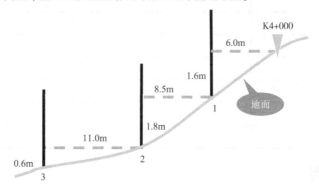

图 6-2　标杆皮尺测量

测量记录表见表 6-3,表中按路线前进方向分左侧与右侧,以分数形式表示各测段的高差和距离,分子表示高差,高差为正号表示升坡,为负号表示降坡;分母表示水平距离。

测 量 记 录 表　　　　　　　　　　　表 6-3

左侧(单位:m)	桩　　号	右侧(单位:m)
……… $\dfrac{\text{高差}}{\text{平距差}}$		$\dfrac{\text{高差}}{\text{平距差}}$ ………
$\dfrac{-0.6}{11.0}\ \dfrac{-1.8}{8.5}\ \dfrac{-1.6}{6.0}$	K4+000	$\dfrac{+1.5}{4.6}\ \dfrac{+0.9}{4.4}\ \dfrac{+1.6}{7.0}\ \dfrac{+0.5}{10.0}$

(2)绘制横断面图(地面线)。绘图时一般先将中桩标在图中央,再分左右侧按平距为横轴,高差为纵轴,展出各个变坡点。

五、记录与计算

道路横断面测量记录表见表6-4。

道路横断面测量记录表　　　　　　　　　　　表 6-4

班级:_____　　组号:_____　　测量人员:_____
组长:_____　　仪器:_____　　日期:_____年___月___日

左　　侧	桩　　号	右　　侧

六、注意事项

(1)抬杆法测量时在变坡点处花杆要竖直立,皮尺要水平。
(2)平距和高差精确到0.1m。

七、上交资料

(1) 每人上交横断面测量记录表一份。
(2) 每人上交实训报告一份(表6-5)。

实 训 报 告　　　　　　　　　　　表6-5

日期：　　　班级：　　　组别：　　　姓名：　　　学号：

实训题目	道路横断面测量	成绩	
实训目的			
主要仪器及工具			
实训场地布置草图			
实训主要步骤			
实训总结			

项目七　工程测量综合实训

一、概述

测量实训继测量理论教学课程完成之后对公路工程平、纵、横线形的综合外业测量训练，通过集中实训，可使学生掌握公路控制测量、中线测量、纵断面测量、横断面测量的外业测量方法和内业资料的整理。

二、实训时间

根据各专业人才培养方案时间安排。

三、实训地点

校园。

四、实训方式

实训采取按小组单位生产的组织形式，在校园进行。在实训领导小组的具体领导下，完成勘测设计的外业工作任务。

（1）测量人员分组、主要测量项目及测量精度要求见表7-1。

人员分组、测量项目及精度要求　　　　表7-1

人员分组	主要测量项目	测量精度要求
控制组	1. 确定控制点； 2. 进行测量； 3. 闭合差计算； 4. 交点坐标测量	1/1500
中桩组	1. 逐桩坐标计算； 2. 坐标放样	中桩桩位允许误差：纵向$(S/1000+0.1)$m，横向0.1m 交点间距：链距与视距较差$1/200$
水平组	1. 基平测量； 2. 中平测量	1. 基平测量：± 30mm； 2. 中平测量：± 50mm
横断面组	测横断面	高差$\Delta h = 0.1 + H/50 + 1/100$(m)，水平距离$\Delta L = 1/50 + 0.1$m

（2）完成任务的时间和作业组轮换。

①外业时间四周。野外测量、收集资料；整理资料、内业，作第二天测量准备。

②作业组轮换方式：由于实习时间短而测量任务大，为了使学生学到更多知识，每隔5天进行一次测角、中桩、水准和断面组轮换。

各作业组轮换时,应将本组的仪器、用具及记录本等与下组交代清楚,若有短缺或记录错误,应报告指导教师处理,指导教师不能决定时,应及时报告领导小组裁决。

(3)各作业组的野外记录、内业图表,采取签核制度,即记录、制图、制表、校核者均应签名,若发现错误应及时报告,不得擅自更改原始记录。

五、实训的内容、方法和要求

1. 测量的技术要求

(1)选点与标定点位——相邻点之间,必须通视和便于量距。在点位上,视野应开阔,便于安置仪器(据实际情况,导线点个数应布设成 4~6 个点的闭合导线,已知点)。

点位在泥地上应打下木桩,在混凝土路面上,可用红漆画出标志(尽可能靠路边设置,不妨碍车辆通行),并写上点号(如 8-A,表示为第 8 组的 A 点)。

(2)用全站仪进行光电测距,导线边长相对精度不超过 1/2000。

(3)采用测回法进行一个测回测量导线转折角,若导线编号按顺时针向编排,则右角为闭合导线的多边形内角。若编号按逆时针向,则左角为多边形内角。

(4)内业计算。

角度闭合差 $f_\beta = \sum\beta_内 - (n-2)180°$,应小于 $60''\sqrt{n}$ (n 为角个数)。

坐标闭合差 $f_x = \sum\Delta x, f_y = \sum\Delta y, f = \sqrt{f_x^2 + f_y^2}$ 全长相对闭合差 $\left(\dfrac{f}{\sum s}\right)$ 应小于 $\dfrac{1}{2000}$。

2. 所需仪器和工具

每组全站仪 1 台(附脚架),棱镜一把,钢尺 1 把。

3. 控制组

1)闭合导线内业计算

已知 A 点的坐标 $X_A = 450.000 \text{m}, Y_A = 450.000 \text{m}$,导线各边长,各内角和起始边 AB 的方位角 α_{AB} 如图所示,试计算 B、C、D、E 各点的坐标。

(1)角度闭合差的计算和调整(图 7-1)。

闭合导线的内角和在理论上应满足下列条件:

$$\sum\beta_理 = (n-2) \times 180°$$

角度闭合差 f_β:

$$f_\beta = \sum\beta_理 - (n-2) \times 180°$$

角度的改正数 $\Delta\beta$ 为:

$$\Delta\beta = -\dfrac{1}{n}f_\beta$$

(2)导线边方位角的推算。

BC 边的方位角 $\alpha_{BC} = \alpha_{AB} + 180° - \beta_B$

CD 边的方位角 $\alpha_{CD} = \alpha_{BC} + 180° - \beta_C$

……………………………………

AB 边的方位角 $\alpha_{AB} = \alpha_{EA} + 180° - \beta_A - 360°$(校核)

右角推算方位角的公式：

$$\alpha_前 = \alpha_后 + 180° - \beta_右$$

右角推算方位角的公式：

$$\alpha_前 = \alpha_后 - 180° + \beta_右$$

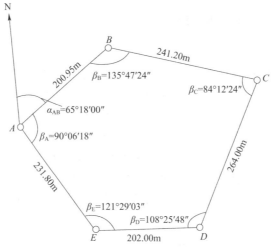

图 7-1 闭合导线算例图

（3）坐标增量计算。

设 D_{12}、α_{12} 为已知，则 12 边的坐标增量为：

$$\left.\begin{array}{l}\Delta x_{12} = D_{12}\cos\alpha_{12}\\ \Delta y_{12} = D_{12}\sin\alpha_{12}\end{array}\right\}$$

（4）坐标增量闭合差的计算与调整。

因为闭合导线是一闭合多边形，其坐标增量的代数和在理论上应等于零，即：

$$\left.\begin{array}{l}\sum\Delta x_理 = 0\\ \sum\Delta y_理 = 0\end{array}\right\}$$

但由于测定导线边长和观测内角过程中存在误差，所以实际上坐标增量之和往往不等于零而产生一个差值，这个差值称为坐标增量闭合差。分别用 f_x、f_y 表示：

$$\left.\begin{array}{l}f_x = \sum\Delta x\\ f_y = \sum\Delta y\end{array}\right\}$$

缺口 AA' 的长度称为导线全长闭合差，以 f 表示。由图 7-2 可知：

$$f = \sqrt{f_x^2 + f_y^2}$$

导线相对闭合差。

$$K = \frac{f}{\sum d} = \frac{1}{\dfrac{\sum d}{f}}$$

对于量距导线和测距导线，其导线全长相对闭合差一般不应大于 1/2000。

调整的方法是：将坐标增量闭合差以相反符号，按与边长成正比分配到各条边的坐标增量中，公式为：

$$\Delta x_i \text{ 的改正数} = \frac{d_i}{\sum d}(-f_x)$$

$$\Delta y_i \text{ 的改正数} = \frac{d_i}{\sum d}(-f_y)$$

$$\Delta x_{AB} \text{ 的改正数} = +\frac{0.286}{1139.950} \times 200.950 = +0.050(\text{m})$$

$$\Delta y_{AB} \text{ 的改正数} = -\frac{0.016}{1139.950} \times 200.950 = -0.003(\text{m})$$

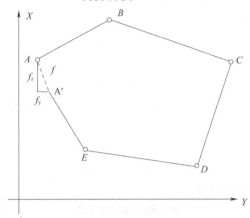

图 7-2 闭合导线全长闭合差

(5) 导线点的坐标计算。

根据导线起算点 A 的已知坐标及改正后的纵、横坐标增量,可按下式计算 B 点的坐标:

$$\left.\begin{array}{l} x_B = x_A + \Delta x'_{AB} \\ y_B = y_A + \Delta y'_{AB} \end{array}\right\}$$

起始点 A 的坐标已知,则 B 点的坐标为:

$$X_B = X_A + \Delta x_{AB} = 450.00 + 84.02 = 534.02$$
$$Y_B = Y_A + \Delta y_{AB} = 450.00 + 182.56 = 632.56$$

2) 附合导线的内业计算(图 7-3)

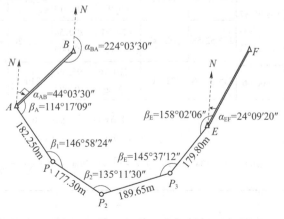

图 7-3 附和导线算例图

(1)角度闭合差的计算和调整。

$$\left.\begin{array}{l}\alpha_{AP_1} = \alpha_{BA} + \beta_A - 180° \\ \alpha_{P_1P_2} = \alpha_{AP_1} + \beta_1 - 180° \\ \alpha_{P_2P_3} = \alpha_{P_1P_2} + \beta_2 - 180° \\ \cdots \\ \alpha'_{BF} = \alpha_{BF} + \beta_E - 180° \\ \alpha'_{EF} = \alpha_{BA} + \sum\beta - n \cdot 180°\end{array}\right\}$$

(2)坐标增量闭合差的计算。

由于 A、E 的坐标为已知,所以从 A 到 E 的坐标增量也就已知,即:

$$\sum\Delta x_{理} = x_E - x_A$$
$$\sum\Delta y_{理} = y_E - y_A$$

通过附合导线测量也可以求得 A、E 间的坐标增量,用 $\sum\Delta x$、$\sum\Delta y$ 表示由于测量误差故存在坐标增量闭合差:

$$\left.\begin{array}{l}f_x = \sum\Delta x - (x_E - x_A) \\ f_y = \sum\Delta y - (y_E - y_A)\end{array}\right\}$$

闭合导线坐标计算表见表 7-2。

闭合导线坐标计算表 表 7-2

测站	角度观测值(° ′ ″)	改正数″	改正后角值(° ′ ″)	方位角 α(° ′ ″)	边长 d(m)	坐标增量计算值(改正数)(m)		改正数后坐标增量(m)		坐标值(m)	
						$\Delta x'$	$\Delta y'$	Δx	Δy	x	y
1	2	3	4	5	6	7		8		9	
A				65 18 00	200.95	+83.97 (+0.05)	+182.56 (-0.00)	+84.02	+182.56	450.00	450.00
B	135 47 24	-12	135 47 12	109 30 48	241.20	-80.57 (+0.06)	+227.35 (-0.01)	-80.51	+227.34	534.02	632.56
C	84 12 24	-11	84 12 13	205 18 35	264.00	-238.66 (+0.07)	-112.88 (-0.01)	-238.59	-112.87	453.51	859.90
D	108 25 48	-11	108 25 37	276 52 58	202.00	+24.21 (+0.05)	-200.54 (-0.00)	+24.26	-200.54	214.92	747.03
E	121 29 03	-11	121 28 52	335 24 06	231.80	+210.76 (+0.06)	-96.49 (-0.00)	+210.82	-96.49	239.18	546.49
A	90 06 18	-12	90 06 06							450.00	450.00
计算	\multicolumn{11}{l}{$\sum d = 1139.95\text{m}$ $\sum\Delta x = 0$ $\sum\Delta y = 0$ $f_\beta = +57''$ $f_x = -0.29\text{m}$ $f_y = +0.02\text{m}$ $f_{\beta容} = \pm 60''\sqrt{5} = \pm 134''$ $f = \sqrt{f_x^2 + f_y^2} = 0.29\text{m}$ $K = \dfrac{f}{\sum d} = \dfrac{1}{3921} < \dfrac{1}{2000}$}

4. 中桩组

收集资料,计算测设数据已知设计要素,交点坐标,计算各主点和整中桩号平面坐标。

1)路线平面线形设计

示例1:某公路 JD4 处所设半径 50m,缓和曲线长度 20m,其他外业数据见表7-3,请完成此平面设计。

某公路外业数据　　　　　　　　表7-3

交点号	交点坐标		交点桩号	转角值	半径	缓和曲线长度	计算方位角
	$N(X)$	$E(Y)$					
JD3	4062692.326	443673.152	K0+401.234	19°14′13.6″(Z)			
JD4	4062850.779	443625.354	K0+566.165	48°36′13″(Y)	50	20	343°12′49.8″
							31°49′3.5″
JD5	4063015.433	443727.514	K0+756.922	12°14′38.1″(Y)			

路线平面设计步骤如下:

(1)计算偏角 α

坐标方位角的计算:

$$\alpha_{n-1,n} = \arctan \frac{Y_n - Y_{n-1}}{X_n - X_{n-1}}$$

$$\alpha_{n,n+1} = \arctan \frac{Y_{n+1} - Y_n}{X_{n+1} - X_n}$$

则转角:$\alpha = \alpha_{n,n+1} - \alpha_{n-1,n}$,负为左传,正为右转。

$$\alpha_{3,4} = \arctan \frac{Y_4 - Y_3}{X_4 - X_3} = \arctan \frac{443625.354 - 443673.152}{4062850.779 - 4062692.326} = 343°12′49.8″$$

$$\alpha_{4,5} = \arctan \frac{Y_5 - Y_4}{X_5 - X_4} = \arctan \frac{443727.514 - 443625.354}{4063015.443 - 4062850.779} = 31°49′3.5″$$

则转角:$\alpha = \alpha_{4,5} - \alpha_{3,4} = 31°49′3.5″ + 360° - 343°12′49.8″ = 48°36′13.7″$,正为右转。

(2)曲线要素计算。

$$P = \frac{l_s^2}{24R} = \frac{20^2}{24 \times 50} = 0.333$$

$$q = \frac{l_s}{2} - \frac{l_s^3}{240R^2} = \frac{20}{2} - \frac{20^3}{240 \times 50^2} = 9.987$$

$$T_h = (R+p)\tan\frac{\alpha}{2} + q = (50+0.333)\tan\frac{48°36′13.7″}{2} + 9.987 = 32.715$$

$$\beta_0 = \frac{l_s}{2R} \times \frac{180°}{\pi} = \frac{20}{2 \times 50} \times \frac{180°}{\pi} = 11°27′33″$$

$$L_a = R(\alpha - 2\beta_0)\frac{\pi}{180°} + 2l_s$$

$$= 50 \times (48°36′13.7″ - 2 \times 11°27′33″)\frac{\pi}{180°} + 2 \times 20 = 62.415$$

$$L_y = R(\alpha - 2\beta_0)\frac{\pi}{180°} = 50 \times (48°36′13.7″ - 2 \times 11°27′33″)\frac{\pi}{180°} = 22.415$$

$$E_h = (R+p)\sec\frac{\alpha}{2} - R = (50+0.333)\sec\frac{48°36'13.7''}{2} - 50 = 5.227$$

$$D_h = 2T_h - L_h = 2 \times 32.715 - 62.415 = 3.015$$

(3)计算交点桩号。

JD_m 桩号 $= JD_{m-1}$ 桩号 $+$ 交点间距$_{m-1\sim m} - D_{hm-1}$

$= K0 + 401.234 + \sqrt{(4062850.779 - 4062692.326)^2 + (443625.354 - 443673.152)^2} - 0.574$

$= K0 + 401.234 + 165.505 - 0.574 = K0 + 566.165$

(4)主点桩号计算。

ZH 桩号 $= JD$ 桩号 $- T_h = K0 + 566.165 - 32.715 = K0 + 533.450$

HY 桩号 $= ZH$ 桩号 $+ l_s = K0 + 533.450 + 20 = K0 + 553.450$

YH 桩号 $= HY$ 桩号 $+ L_y = K0 + 553.450 + 22.415 = K0 + 575.865$

HZ 桩号 $= YH$ 桩号 $+ l_s = K0 + 575.865 + 20 = K0 + 595.865$

QZ 桩号 $= HZ$ 桩号 $- \dfrac{L_h}{2} = K0 + 595.865 - \dfrac{62.415}{2} = K0 + 564.658$

JD 桩号 $= QZ$ 桩号 $+ \dfrac{D_h}{2} = K0 + 564.658 + \dfrac{3.015}{2} = K0 + 566.165$(校核无误)

(5)填写直线、曲线及转角表。

2)逐桩坐标计算

(1)当 P_i 点在直线段上。

如图 7-4 所示,JD_n 的坐标为 (X_n, X_n),$JD_n \sim JD_{n+1}$ 的坐标方位角为 $\alpha_{n,n+1}$,P 点在 JD_n 与 JD_{n+1} 的直线段上,则 P 点的坐标按下式求得:

$$X = X_n + [T_n + (L_i - L)] \cdot \cos\alpha_{n,n+1}$$
$$Y = Y_n + [T_n + (L_i - L)] \cdot \sin\alpha_{n,n+1}$$

式中:L_i、L——P 点和 YZ(或 HZ)点的里程桩号;

T_n——切线长。

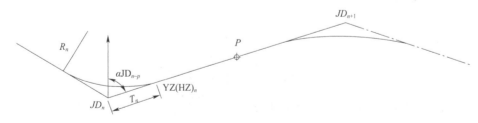

图 7-4 逐桩坐标计算

(2)当 P_i 点在平曲线段上。

单圆曲线中桩坐标的计算比较简单,而带有缓和曲线的平曲线其坐标计算则比较麻烦,现举例如下:

P 点在带有缓和曲线的平曲线段上,已知 JD_{n-1}、JD_n、JD_{n+1} 的坐标分别为 (X_{n-1}, Y_{n-1})、(X_n, Y_n)、(X_{n+1}, Y_{n+1}),$JD_{n-1} \sim JD_n$、$JD_n \sim JD_{n+1}$ 的坐标方位角分别为 $\alpha_{n-1,n}$、$\alpha_{n,n+1}$ 如图 7-5 所示。

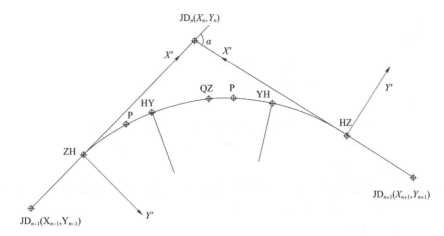

图 7-5 逐桩坐标计算

先根据交点的坐标、切线的坐标方位角与切线长,计算主点 ZH、HZ 的坐标,然后以 ZH (或) HZ 为坐标原点,以向 JD_n 的切线为 X' 轴,过原点的法线为 Y' 轴,建立 $X'OY'$ 局部坐标系,计算 P 点在局部坐标系中的坐标 (X', Y'),再利用坐标平移和旋转的方法将此坐标转化为路线坐标系中的坐标 (X, Y)。

① 主点坐标的计算。

$$X_{ZH} = X_n + T_n \cos(\alpha_{n-1,n} + 180°)$$
$$Y_{ZH} = Y_n + T_n \sin(\alpha_{n-1,n} + 180°)$$
$$X_{HZ} = X_n + T_n \cos\alpha_{n,n+1}$$
$$Y_{HZ} = X_n + T_n \sin\alpha_{n,n+1}$$

② 计算 P 点在坐标系 $X'OY'$ 中的坐标 (X', Y')。

当 P 点在缓和曲线段内:

$$X' = L_i - \frac{L_i^5}{40R^2 L_s^2}$$

$$Y' = \frac{L_i^3}{6RL_s}$$

式中:L_i——P 点桩号与 ZY 或 YZ 点桩号之差;
    R——圆曲线半径;
    L_s——缓和曲线长度。

当 P 点在圆曲线段内:

$$X' = R\sin\frac{\left(L_i - \frac{L_s}{2}\right) - \frac{180°}{\pi}}{R} + q$$

$$Y' = R\left[1 - \cos\frac{\left(L_i - \frac{L_s}{2}\right) - \frac{180°}{\pi}}{R}\right] + p$$

式中:p——内移值;
    q——切线增长值;其余符号同前。

③坐标转换。

前半个曲线：
$$X = X_{ZH} + X'\cos\alpha_{n-1,n} - Y'\sin\alpha_{n-1,n}$$
$$Y = Y_{ZH} + X'\sin\alpha_{n-1,n} - Y'\cos\alpha_{n-1,n}$$

后半个曲线：
$$X = X_{HZ} + X'\cos(\alpha_{n,n+1} + 180°) - Y'\sin(\alpha_{n,n+1} + 180°)$$
$$Y = Y_{HZ} + X'\sin(\alpha_{n,n+1} + 180°) + Y'\cos(\alpha_{n,n+1} + 180°)$$

式中：X'——符号始终为正值；

Y'——符号有正有负，当起点为 ZH 点，曲线为左偏时，Y' 取负值；当起点为 HZ 点，曲线为右偏时，Y' 取负值；反之取正值。

3）逐桩坐标计算示例

接以上示例，平曲线主点桩号如下：

ZH 桩号：K0+533.450

HY 桩号：K0+553.450

QZ 桩号：K0+564.658

YH 桩号：K0+575.865

HZ 桩号：K0+595.865

请计算此交点处平曲线逐桩坐标。

(1) 主点坐标的计算。

$X_{ZH} = X_n + T_n\cos(\alpha_{n-1,n} + 180°) = 4062850.779 + 32.715\cos(343°12'49.8'' + 180°)$
$= 4062819.458$

$Y_{ZH} = Y_n + T_n\sin(\alpha_{n-1,n} + 180°) = 443625.354 + 32.715\sin(343°12'49.8'' + 180°)$
$= 443634.802$

$X_{HZ} = X_n + T_n\cos\alpha_{n,n+1} = 4062850.779 + 32.715\cos31°49'3.5'' = 4062878.578$

$Y_{HZ} = Y_n + T_n\sin\alpha_{n,n+1} = 443625.354 + 32.715\sin31°49'3.5'' = 443642.602$

(2) 计算 P 点(K0+540)在坐标系 $X'OY'$ 中的坐标 (X', Y')。

因为 K0+540 在缓和曲线段内，故：

$$X' = L_i - \frac{L_i^5}{40R^2L_n^2} = 540 - 533.450 - \frac{(540-533.450)^5}{40 \times 50^2 20^2} = 6.550$$

$$Y' = \frac{L_i^3}{6RL_n} = \frac{(540-533.450)^3}{6 \times 50 \times 20} = 0.047$$

坐标转换，因为 K0+540 在前半个曲线，故：

$X = X_{ZH} + X'\cos\alpha_{n-1,n} - Y'\sin\alpha_{n-1,n}$

$= 4062819.458 + 6.550\cos343°12'49.8'' - 0.047\sin343°12'49.8'' = 4062825.742$

$Y = Y_{ZH} + X'\sin\alpha_{n-1,n} + Y'\cos\alpha_{n-1,n}$

$= 443634.802 + 6.550\sin343°12'49.8'' - 0.047\cos343°12'49.8'' = 443632.955$

注：当 P 点在 ZH~HY（缓和曲线段）内时，都可以用以上步骤计算，HY 点是缓和曲线上的一个特殊点。

(3) P 点在圆曲线段内的计算。

计算 K0+560 的坐标,因为 K0+560 在 HY~QZ(圆曲线段)内,故:

$$X' = R\sin\frac{\left(L_i - \frac{L_i}{2}\right) \cdot \frac{180°}{\pi}}{R} + q = 50 \times \sin\frac{\left(26.550 - \frac{20}{2}\right) \cdot \frac{180°}{\pi}}{50} + 9.987 = 26.236$$

$$Y' = R\left[1 - \cos\frac{\left(L_i - \frac{L_n}{2}\right) \cdot \frac{180°}{\pi}}{R}\right] + p = 50 \times \left[1 - \cos\frac{\left(26.550 - \frac{20}{2}\right) \cdot \frac{180°}{\pi}}{50}\right] + 0.333 = 3.047$$

通过坐标转换,因为 K0+560 在前半个曲线,故:

$$X = X_{ZH} + X'\cos\alpha_{n-1,n} - Y'\sin\alpha_{n-1,n}$$
$$= 4062819.458 + 26.236\cos343°12'49.8'' - 3.047\sin343°12'49.8'' = 4062845.456$$

$$Y = Y_{ZH} + X'\sin\alpha_{n-1,n} + Y'\cos\alpha_{n-1,n}$$
$$= 443634.802 + 26.236\sin343°12'49.8'' + 3.047\cos343°12'49.8'' = 443630.142$$

注:当 P 点在 HY~YH(圆曲线段)内时,都可以用以上公式计算 (X', Y'),坐标转换时要根据 P 点所处前半个曲线或后半个曲线选择转换公式,QZ 点是圆曲线上的一个特殊点。

(4) P 点在后半个曲线的缓和线段内的计算。

计算 K0+580 的坐标,因为 K0+580 在 YH~HZ 内,以 HZ 点为坐标原点:

$$X' = L_i - \frac{L_i^5}{40R^2L_n^2} = 595.865 - 580 - \frac{(595.865-580)^5}{40 \times 50^2 \times 20^2} = 15.840$$

$$Y' = \frac{L_i^3}{6RL_n} = \frac{(595.865-580)^3}{6 \times 50 \times 20} = 0.666$$

通过坐标转换,因为 K0+580 在后半个曲线:

$$X = X_{HZ} + X'\cos(\alpha_{n,n+1} + 180°) - Y'\sin(\alpha_{n,n+1} + 180°)$$
$$= 4062878.578 + 15.840\cos(31°49'3.5'' + 180°) + 0.666\sin(31°49'3.5'' + 180°)$$
$$= 4062864.768$$

$$Y = Y_{HZ} + X'\sin(\alpha_{n,n+1} + 180°) + Y'\cos(\alpha_{n,n+1} + 180°)$$
$$= 443642.602 + 15.840\sin(31°49'3.5'' + 180°) - 0.666\cos(31°49'3.5'' + 180°)$$
$$= 443634.816$$

逐桩坐标计算表见表 7-4。

逐桩坐标计算表 表 7-4

桩 号	L_i	X'	Y'	X	Y
ZH K0+533.450	0	0	0	4062819.458	443634.802
K0+540	6.550	6.550	0.047	4062825.742	443632.955
HY K0+553.450	20	19.920	1.333	4062838.914	443630.322
K0+560	26.550	26.236	3.047	4062845.456	443630.142
QZ K0+564.658	31.208	30.565	4.764	4062850.096	443630.536
YH K0+575.865	20	19.920	1.333	4062860.950	443633.229
K0+580	15.865	15.840	0.666	4062864.768	443634.816
HZ K0+595.865	0	0	0	4062878.578	443642.602

计算出逐桩坐标以后,用纬地软件进行坐标复核,并输出平面图、直曲表和逐桩坐标表,具体步骤如下:

①启动纬地软件,点击"项目—新建项目",打开新建项目对话框,如图7-6所示。

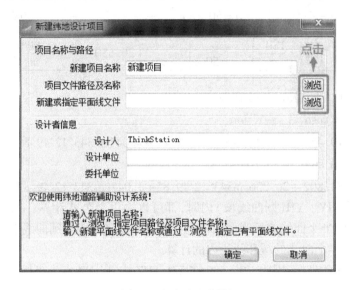

图7-6 新建项目对话框

在新建项目名称中命名测量实习的项目名称,然后点击项目文件路径及名称右侧的浏览按钮选择保存项目文件的路径,并保存.PRJ文件。

②输入交点坐标数据。点击"数据—交点坐标导入/导出",打开交点坐标导入/导出对话框,并输入在外业测量所得的交点坐标,如图7-7所示。

图7-7 "交点坐标导入/导出"对话框

数据输入完成之后,点击存盘按钮,保存文件类型为*.jdw。然后点击导入为交点数据,保存交点文件*.jd。

③点击"项目—项目管理器",载入平面交点文件,并保存退出,如图7-8所示。

图 7-8　平面图"项目管理"对话框

④点击"设计—主线平面设计",打开主线平面线形设计对话框,如图 7-9 所示。

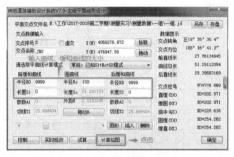

图 7-9　"主线平面线形设计"对话框

然后确定每个交点的曲线和缓和曲线的大小,计算绘图,如图 7-10 所示。

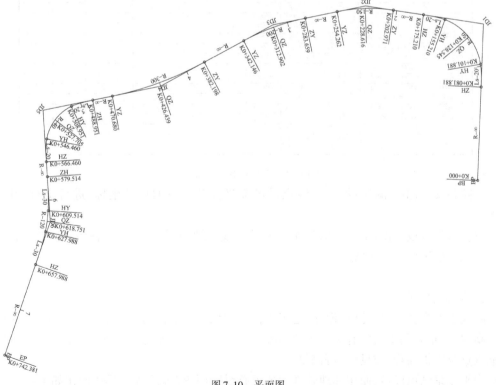

图 7-10　平面图

⑤确认生成的曲线无误,点击"表格—输出逐桩坐标表",打开逐桩坐标表计算与生成对话框,指定桩号间距与输出方式后,点击输出按钮,如图7-11和图7-12所示。

图7-11 "逐桩坐标计算与生成"对话框

逐 桩 坐 标 表

桩号	坐标 N(X)	坐标 E(Y)	桩号	坐标 N(X)	坐标 E(Y)	桩号	坐标 N(X)	坐标 E(Y)	桩号	坐标 N(X)	坐标 E(Y)
K0+000	4060379.394	477100.551	K0+312.902	4060194.597	476966.217	K0+600	4059991.586	477117.569			
K0+020	4060380.109	477080.567	K0+320	4060187.966	476968.727	K0+620	4059991.302	477127.078			
K0+040	4060380.914	477060.583	K0+340	4060169.779	476977.045	K0+618.781	4059990.367	477156.265			
K0+060	4060381.718	477040.4	K0+342.146	4060167.881	476978.045	K0+620	4059990.186	477157.501			
K0+080	4060382.523	477020.416	K0+360	4060152.126	476986.448	K0+627.988	4059988.727	477148.353			
K0+081.881	4060382.599	477018.536	K0+380	4060134.479	476995.857	K0+640	4059985.834	477156.987			
K0+100	4060382.337	477000.441	K0+382.198	4060132.559	476998.891	K0+687.988	4059979.836	477173.989			
K0+101.981	4060382.072	476996.678	K0+400	4060116.592	477004.796	K0+660	4059979.181	477173.885			
K0+120	4060376.047	476981.696	K0+420	4060098.162	477012.552	K0+682	4059972.472	477194.726			
K0+128.545	4060371.174	476974.688	K0+426.439	4060092.111	477014.759	K0+700	4059966.764	477213.866			
K0+140	4060362.915	476966.685	K0+440	4060079.259	477019.022	K0+720	4059959.055	477252.409			
K0+155.210	4060349.594	476959.47	K0+460	4060059.965	477024.236	K0+740	4059952.347	477261.23			
K0+160	4060345.019	476958.680	K0+470.690	4060049.496	477026.492	K0+742.381	4059951.548	477283.493			
K0+173.210	4060330.078	476958.286	K0+480	4060040.582	477028.299						
K0+180	4060325.332	476954.696	K0+488.951	4060031.571	477030.033						
K0+200	4060305.54	476951.717	K0+500	4060020.792	477032.447						
K0+202.971	4060302.601	476951.289	K0+508.951	4060012.394	477033.511						
K0+220	4060285.646	476949.798	K0+520	4060003.2	477041.878						
K0+228.616	4060277.081	476949.779	K0+527.705	4059997.937	477047.187						
K0+240	4060265.874	476948.611	K0+540	4059992.03	477057.915						
K0+254.262	4060251.577	476952.641	K0+546.480	4059990.316	477064.136						
K0+260	4060245.96	476952.786	K0+560	4059989.546	477077.825						
K0+280	4060226.339	476989.89	K0+566.486	4059989.514	477084.075						
K0+283.659	4060222.751	476958.408	K0+579.514	4059990.697	477097.106						
K0+300	4060206.876	476958.264	K0+580	4059990.727	477097.59						

图7-12 输出的"逐桩坐标表"

公路各交点(JD)的测设:按导线点的已知坐标和交点的设计坐标,进行交点(JD)的测设。

里程桩的测设:设置里程桩的工作主要是定线、量距和打桩。里程桩包括整桩(本实训中,以10m为整桩号)和加桩。

5.水平组

1)内容与要求

路线水准测量主要为路线设计、施工提供高程依据。工作内容包括:设置水准基点并测出其高程,测量公路中线所有中桩的地面高程。其方法可以分为基平和中平两组,分别测量水准基点及中桩高程,详见《工程测量》。

中平测量结束以后,使用纬地软件生成道路纵断面图(地面线),具体操作如下:

点击"数据—纵断数据输入",打开纵断面地面线数据编辑器,输入外业测量所得的中平数据,并保存*.dmx文件退出,如图7-13所示。

桩号	高程
0.000	2266.603
20.000	2266.801
40.000	2267.090
60.000	2267.855
80.000	2268.818
81.881	2268.909
100.000	2269.840
101.881	2269.940
140.000	2272.248
155.210	2273.100
160.000	2272.925
175.210	2272.885
180.000	2272.813
200.000	2273.089

图7-13 "纵断面地面线数据编辑器"对话框

然后点击"项目—项目管理器",载入纵断面地面线文件,并保存退出,如图7-14所示。

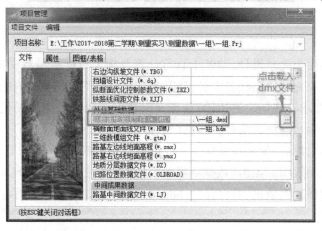

图7-14 纵断面"项目管理"对话框

点击"设计—纵断面设计",打开"纵断面设计"对话框,点击计算显示按钮,如图7-15所示。

点击完计算显示之后,有可能会出现不能正常显示的情况。此时,在CAD命令行输入快捷键:Z回车—A回车,便能正常显示图形了,如图7-16所示。

2)要求

通过水准测量的学习,要求学生认识水准测量对路线设计、施工等的重要性。并掌握水准点设置的要求;基平、中平水准测量方法与精度要求。每日记录要及时计算,与中桩组核对桩号(特别是加桩)如发现不够,应及时补测。

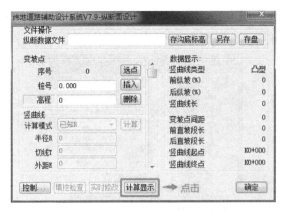

图7-15 "纵断面设计"对话框

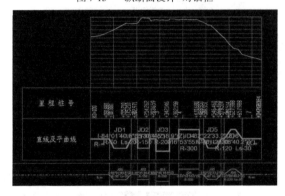

图7-16 纵断面图

6. 横断面组

横断面测量主要为路基设计,路基土石方计算及施工放样提供各中桩的横断面地面线位置。工作内容就是测绘出路线各中桩横断面供设计、施工用的范围内的地面线。

横断面测量,要求在现场边测边绘,便于及时核对。也可采用现场记录,室内绘图。测量方法有:抬杆法、手水准测量法等。详见《工程测量》。

横断面测量结束以后,使用纬地软件生成道路横断面图(地面线),具体操作如下:

生成横断面地面线图。点击"数据—横断数据输入",打开横断面地面线数据编辑器,输入外业测量所得的横断面数据,并保存 *.hdm 文件退出,如图7-17所示。

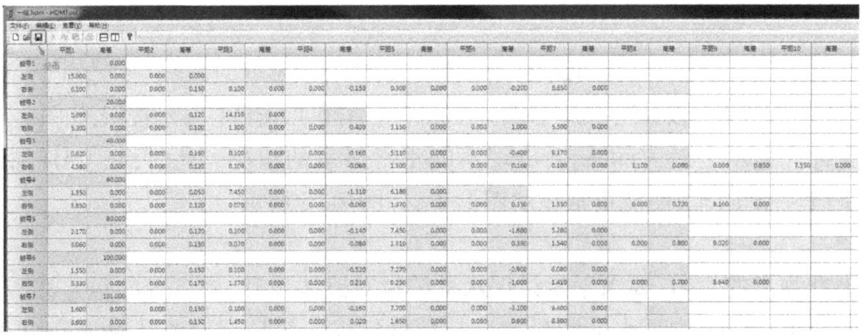

图7-17 横断面数据输入

项目七 工程测量综合实训

然后点击"项目—项目管理器",载入横断面地形文件,并存在存盘路径中,如图 7-18 所示。

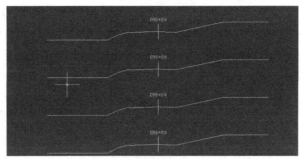

图 7-18 横断面"项目管理"对话框

点击"设计—横断面设计绘图",打开横断面设计对话框,点击"添加横断面",按钮,如图 7-19 所示。

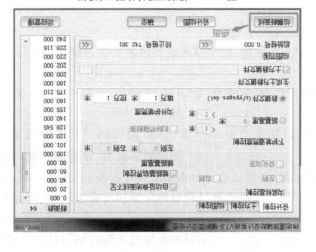

图 7-19 "横断面设计绘图"对话框

点击添加横断面按钮之后,会出现横断面地形图化,然后将所有横断面图形放置在设定的图纸之内,便可打印输出了,如图 7-20 所示。

图 7-20 横断面图

横断面测量整体在图纸,工作量大,但测量是否准确,横断面设计是否有重要的影响。因此,要求同学加强责任心,熟练掌握各种仪器的使用方法,确保精度和速度。

7. 内业整理

1) 内容与方法

根据外业资料的数据表、草图、汇总与信息等工作，主要应完成，根据水平图、展绘点位及转角点，绘制点位及转角点，根据连接要素、绘制连接要素和外业测量记录绘制断面图、其余及转角点一览表、绘制点位及转角点、断面图和外业测量记录表。

2) 要求

选派专职人员设计工作，完善应准确掌握各组资料的整理方法与质量要求，根据水平、横断面的设计方法，以及应设计有关图纸的绘制。

在有必要缩小之处，应按有关图纸绘制原则进行缩小，根据测量图纸及汇总设计是否正确、齐全，如确无误后，方可确定。

六、上交资料

（1）完善家训练结束时，每人要上交家训报告一份。为此，完善应整理日记整合内容、写好家训日记，分阶段家训日记的基础上写出家训报告。

家训报告的要求：

① 完善在家训报告中，应对所参加训练的项目进行不全系统的叙述；

② 在报告中应对实用所用来测测设方法及进行方法加以解释，提出自己的见解；

③ 在报告中应附以必要的图表，计算及结构图；

④ 在报告中，完善应根据自己的情况，写出训练中在业务及思想方面的体会及收获；

⑤ 家训报告应不少于100字，字迹必须工整，语言清晰，在家训期间每次报告专职教师按图一次。

（2）家训结束时，每人都要测绘家训报告资料一份，有以下内容：

① 导线点成果表；

② 水准图；

③ 其余、曲线及转角一览表；

④ 路线还横断面点表；

⑤ 路线纵断面图；

⑥ 路线横断面图。

七、家训的检查与评定

（1）在家训过程中，教师应经常检查完善的习日记、了解家训习进情况，督促并提前专家训我们领导的工作，对完善的家训报告有所取消。

（2）完成我家训检查验证工作，教师可以根据完善的家训报告，有组组在工作上自我取消的情况及完善家训效果。

（3）家训检查、家训测测、优秀、良好、及格、不及格，并报出专家训人等的成果是否入册中。

八、实训报告方法

（1）出发前，教师向学生说明实训的目的任务、生产实训地点、工程概况、实习计划，并提出学生应复习与实训课题有关课程。

（2）在具体指导学生进行生产实训、核查学生的家训日志、准确学习进度。

（3）在实训中，经常了解学生在学习的问题，令各工种带队教师必须养福融，引导学生深入思考和熟悉。

参考文献

[1] 中华人民共和国住房和城乡建设部. 工程测量标准:GB 50026—2020[S]. 北京:中国计划出版社,2020.

[2] 中华人民共和国交通部. 公路勘测规范:JTG C10—2007[S]. 北京:人民交通出版社,2007.

[3] 中华人民共和国国家质量监督检验检疫总局,中国国家标准化管理委员会. 全球定位系统(GPS)测量规范:GB/T 18314—2009[S]. 北京:中国标准出版社,2009.

[4] 交通运输部公路局,中交第一公路勘察设计研究院有限公司. 公路工程技术标准:JTG B01—2014[S]. 北京:人民交通出版社股份有限公司,2014.

[5] 宁津生. 工程测量实训指导书[M]. 北京:人民交通出版社股份有限公司,2015.

[6] 李仕东. 工程测量[M]. 北京:人民交通出版社,2009.